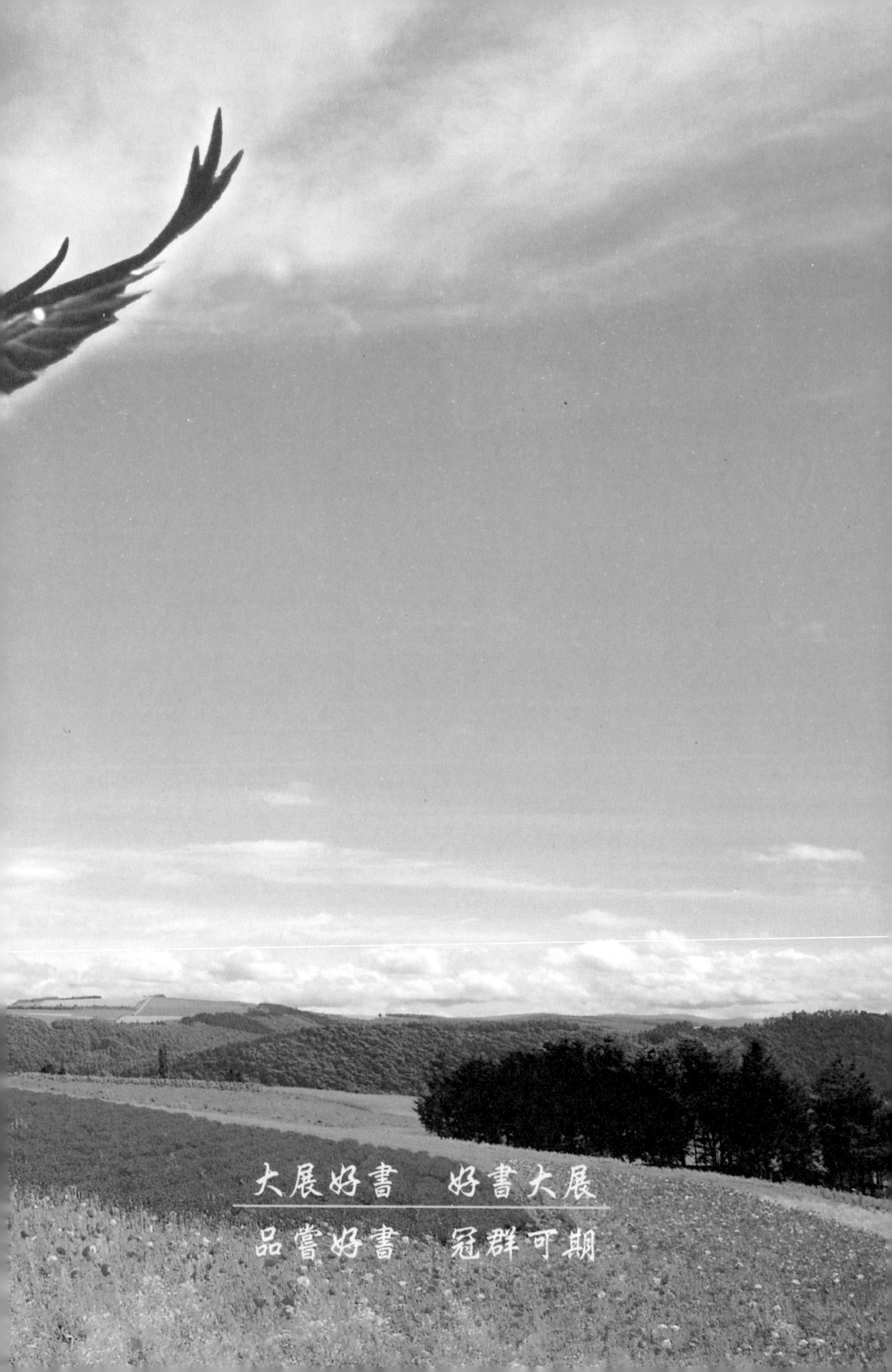
大展好書　好書大展
品嘗好書　冠群可期

大展好書　好書大展
品嘗好書　冠群可期

女性醫學

5

關心妳的坐月子

劉芝宇　編著

大展出版社有限公司
DAH-JAAN PUBLISHING CO., LTD.

前言

懷孕與生產是人生的大事，但事實上，產後的坐月子時期也很重要，如果不能夠做好產後管理，那麼，接下來的育嬰工作將會變得很辛苦。

產後的婦女要比一些婦女更加重視衛生。產後唯有健康的身體，才能夠全心全意的去照顧嬰兒。

應該注意的衛生事項包括外陰部的清潔、乳房的清潔、沐浴、休息和睡眠以及大便排泄、居住衛生等。不僅是生理衛生，也要注意心理衛生。

此外，坐月子期間的飲食營養也很重要。為了儘早恢復產婦本身的身體健康以及做好哺乳工作，飲食營養尤其重要。為了滿足坐月子期間的營養需求量，飲食方法相當的重要。一旦營養調配不好，則不僅母親的身體難以復原，容易生病，甚至還會影響嬰兒的哺乳及生長發育。

關於產後的性生活，這也是大家關注的問題。很多女性在產後性慾降低，原因不外乎是身體虛弱、初做人母的辛苦、擔心很快的又再度懷孕，因此，丈夫在妻子生產後要多對妻子表示關心和體貼。由於子宮尚未完全復原，所以，在進行性愛時動作要溫柔，不過最好在產後六～八週後等子宮完全復原再恢復性生活。

當然，愛美是女性的天性。產後的婦女都希望能夠趕緊恢復苗條、健美的身材。本書中也會介紹產後保健體操，讓妳不但恢復身體各器官的功能，同時也擁有健美的身材。

本書所介紹的都是有關坐月子時應該要注意的事項，內容簡單而具有實用性，任何產後婦女都能夠輕鬆辦到，在此，也祝福妳坐月子期間身心健康！

目錄

綠豆粥　木瓜蒸雞　麥芽煮紅糖　糖醋高麗菜　牛奶燜飯　花生粥　鮮菇炒豌豆　什錦鹹粥　醬烤豬肝　參棗冬菇瘦肉湯　火腿冬瓜湯　雞蛋蘸芝麻末　人參當歸燉豬心　鮮蘿蔔片　牛奶棗粥　健脾開胃排骨湯　人參燉雞　蘑菇豆腐　菠菜豬肝湯　當歸紅棗羊肉湯　鮮奶燉雞　金針鱔魚湯　豬肚花生米　綠豆銀耳粥　牛肉粥　銀杞明目湯　章魚花生豬腳湯　川芎白芷燉魚頭　蓮子龍眼肉鵪鶉蛋糖水田七紅棗燉雞肉　元寶粥　番茄牛肉　番茄嵌肉　五香肝片　山楂粥　蜂蜜白蘿蔔　肉末蒸蛋　紅燒蹄膀　黨參黃耆燉雞　紫米粥冰糖蓮子　八寶豆腐　紅豆排骨湯　炸鯽魚煮黃酒　番薯糖水　蝦仁蔥油雞湯麵　棗菇蒸雞　紅棗芹菜湯　去瘀康復湯　蝦仁芙蓉蛋豬尾木瓜章魚湯　油菜粥　黑棗紅蟹湯　豌豆粥　牛奶梨片粥　雞汁粥　咖哩豬排　豬腳蓮藕章魚湯　紅棗杞子鯽魚湯　莧菜黃魚羹山藥羊肉粥　黑豆紅棗水　羊肉冬瓜湯　藕粥　枸杞羊腎粥　蝦米粥　當歸紅棗雞蛋　炸蘋果　小米粥　雞蛋豆腐　參歸腰子　紅棗山楂瘦肉湯　牛奶麥片粥　棗蓮三寶粥　魚肚准山瘦肉湯　金針燴豬肉

第一章 坐月子的營養

產婦生產後，除了乳房以外，全身器官、組織，尤其是生殖器官要恢復到懷孕前的狀態，就需要花四～六週的時間，這個時期稱為產褥期，也就是俗稱的「坐月子」。坐月子期間，產婦的娘家或夫家的親屬及丈夫，有義務同心協力來照顧產婦，即使不是初次生產，也要讓產婦休養一個月左右。

坐月子的營養素需求量

產後一年內，哺乳婦女每天需要的熱量為三千二百大卡、蛋白質九十～一百克、鐵十五～十八克、維他命A三千九百IU、維他命B_1一・六毫克、維他命B_2一・六毫克、菸酸十六毫克、維他命C一百五十毫克。

為了滿足坐月子婦女營養素的需求量，要注意以下的飲食重點。

①葷素搭配，避免偏食

產後為了恢復身體與哺乳，攝取肉類食物是必要的，但是，從消化吸收的角度來看，過度葷食，有礙胃腸的蠕動，不利於消化，會降低食慾。

一些素食中含有較多的纖維素，能夠促進胃腸蠕動，幫助消化，防止便秘。所以，廣泛攝取多種類的食物，不但有利於營養的吸收，而且能夠增進食慾，預防疾病的發生。

②增加用餐次數

增加餐數，有利於食物的消化吸收，確保足夠的營養，所以，每天以五～六餐為宜。產後胃腸功能減弱，蠕動較慢，如果採用少量多餐的方式，就能減輕胃腸的負擔，促進胃腸功能復原。

③清淡適宜

雖說坐月子的飲食宜求清淡，但也不是完全不放各種調味料。放一些蔥、薑、蒜、花椒、辣椒、酒及鹽等調味料，能夠開胃，促進食慾，有利於產婦身體的復原。不過，如果產後水腫明顯，那麼，產後最初幾天最好減鹽淡食。

④肉補湯補兼具

根據研究報告顯示，肉類湯中的營養不及肉本身那麼豐富。不論是蛋白質、脂肪、維他命，都以肉本身的含量較多。所以，在喝雞湯時，也要連肉一起吃。另外，也要多吃蔬菜、水果以防便秘。

產後耗力損血，流失大量的蛋白質、碳水化合物、各種維他命、礦物質及水分。臉色蒼白，易出虛汗，胃腸功能降低，食慾不振，再加上哺乳會消耗能量和營養素，所以，要重視營養的調配，這樣才能夠使母體早日康復，嬰兒也能夠順利的發育生長。

產後食療最重要

食物療法是中國醫學的一部分，擁有數千年的歷史，非但物美價廉，使用也簡單，尤其慢性病、老年性疾病、虛弱病、產後氣虛等，更適合使用食物療

法。不過，最好在醫師的指導下進行。

一般產後婦女都會使用生化湯。根據古書的記載，生化湯以養血活血為主，有助於產後婦女的補血、祛惡露。即使今日用現代化的儀器和實驗方法加以分析，也發現生化湯對於子宮具有明顯的收縮作用。

不論是自然產或剖腹產，在嬰兒出生的七天內，每天都要飲用生化湯。其材料主要是當歸、川芎、桃仁、老薑、炙草。

使用人參的禁忌

另外，有些產後婦女會想要藉由人參來補身體。不過，要服用得宜才能夠奏效。服用人參有其一些禁忌。

例如，產後一週不適合服用人參。因為其含有多種有效成分，會作用於中樞神經、心血管以及內分泌系統，對人體產生興奮作用，引起失眠、煩躁、心神不安。剛生完孩子的產婦身心俱疲，需要充足的休息，所以不宜使用人參。

同時，人參是補元氣的藥物，服用過多，會促進血液循環，加速血液的流動，但產婦在生孩子的過程中，內外生殖器的血管多處損傷，服用人參，會影響血管自行癒合，造成血流不止，引起大出血。

產後一週後，產婦的傷口已經癒合，這時服用人參，有助於產婦體力的恢復。但是，為了避免上火或引起嬰兒食熱，不宜過度服用。

坐月子中的飲食

只要是含有營養的食物，均可食用，例如各種肉類、魚類、蛋類、蔬菜、水果、豆製品等，都無須加以限制。不過，以下的食物尤其要積極的攝取。

①雞蛋

雞蛋中含有豐富的蛋白質、鐵質以及其他各種營養素，容易被人體吸收利用，對於產婦身體的復原及乳汁的分泌幫助極大。不論是蒸、煮、煎、炒皆可，每天以二～三個為限。吃太多，不但身體無法消化吸收，還會增加胃腸的負擔。

② 醣類

白糖、冰糖、各種果糖均可，其中尤以紅糖最佳。紅糖是一種未經提煉的糖，含鐵量為白糖的數倍，婦女產後失血較多，吃紅糖能夠促進生血，且因其性溫，所以，也具有活血作用，能夠促進瘀血排出及子宮復原。

③ 米粥

米粥中含有多種營養素及纖維素，有利於排便。米粥質爛，含有較多的水分，能夠促進消化吸收。

④ 蔬果

新鮮的蔬果能夠增進食慾，幫助消化及排泄，每天都要適量攝取。

蔬菜類中，像豌豆、豇豆、蠶豆、豆腐、木耳、豆芽、蓮藕、菠菜、銀耳、胡蘿蔔、絲瓜、白蘿蔔、香菇、蘑菇、馬鈴薯、山藥、莧菜、綠豆、黑豆、萵苣等都不錯。

至於水果方面，像葡萄、蘋果、桑椹、桃子、香蕉、柿子、柳橙、鳳梨皆可。除了水果外，一些生冷食品，像西瓜、冰棒、冰淇淋等宜少吃，因為這類食品有促進凝血作用，會影響惡露的排除，引起腹痛、身體痛等各種毛病。

⑤麵線

麵線加入雞蛋一起煮，不僅食用方便，而且營養豐富、容易消化。

總之，坐月子期間與懷孕期一樣重要，要注意飲食，才能夠幫助產後復原及促進乳汁分泌順暢。

哺乳的好處

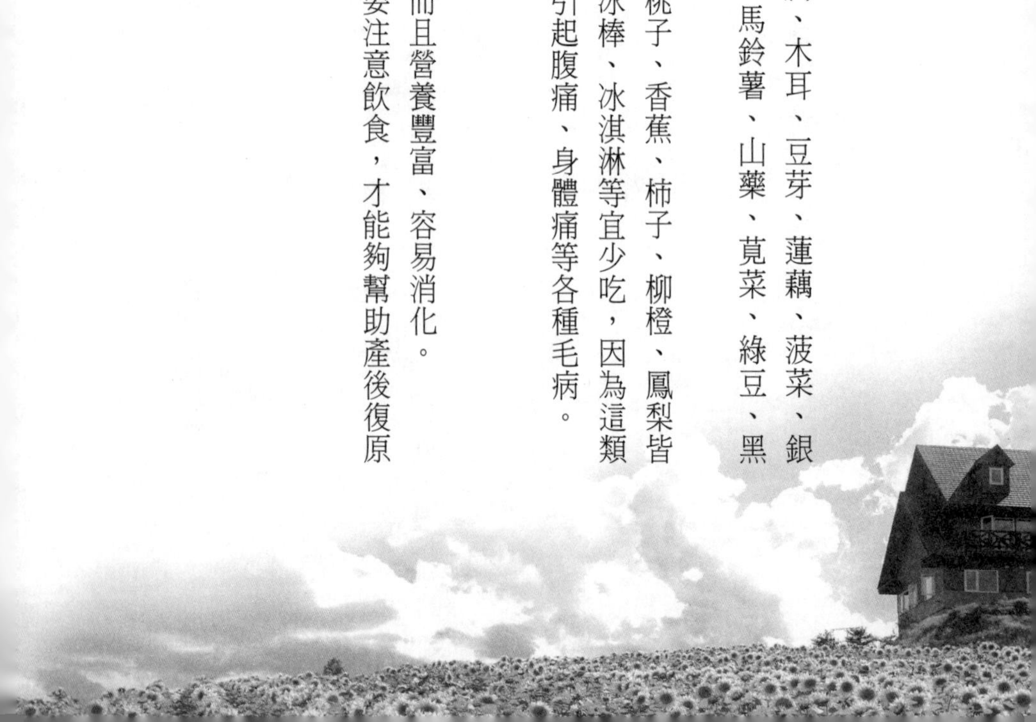

哺乳不但是對嬰兒，對母親本人也有好處。

①對於母親的好處

哺乳能夠幫助子宮儘早復原。寶寶經由反覆的吸吮，能使子宮內膜張開的傷口收縮、合攏，有利於止血；同時又能夠刺激下垂體前葉分泌催乳激素，促進乳汁的分泌。利用母乳餵養，不但產後出血量少，子宮復原也快，約二週後惡露就會排淨。

反之，以人工餵養的母體，由於缺乏外力幫助子宮收縮，所以，產後出血量較多，子宮復原較慢，即使經過一個半月，惡露也未必能夠排淨。

另一個意外的收穫是，藉由兩側乳房交替餵奶，能夠使兩側乳房變得勻稱，大小一致。

更值得一提的是，母親授乳，可以減少乳癌的發生率。這是因為乳腺排泄通暢，減少了會導致癌症的瘀滯和硬塊，且由於子宮復原良好，生殖系統循環通暢，卵巢不會受到壓迫，因此，也能夠降低卵巢癌的罹患率。

②對於嬰兒的好處

寶寶在攝取母乳的數天內，能夠排除胎便，因為初乳有導瀉作用。胎便是胎兒吞食羊水而積存在腸管中的物質，內含分解紅血球的膽紅素。胎便若不排除，那麼，腸管就會吸收這些膽紅素，使血膽紅素上升，導致黃疸，甚至影響嬰兒的智力。

初乳中含有大量的白血球和抗體，能夠保護新生兒的呼吸道和消化道上皮細胞完整，避免罹患呼吸道疾病和腹瀉。同時，也含有鋅、鐵、血清蛋白、亞油酸、牛磺酸等重要物質，能夠促進嬰兒的智力發育，預防佝僂病。母乳水分充足，能夠止渴，多吃也不會引起腎負荷。母乳中含有雙歧乳桿菌，能夠抑制病菌在腸管孳生。

如此重要的母乳，當然要特別注意營養的供應。為了分泌充足且營養的乳汁，母親一定要攝取營養均衡的飲食，保持身心愉快，擁有充分的睡眠。

母親授乳，能夠增加親情的連繫，為寶寶情感發育及人格培養，奠定良好的基礎。

第二章　產後身心的管理

產後衛生

產後婦女要比一般婦女更注意衛生。主要的注意事項包括外陰部、乳房、沐浴、休息、排泄等衛生習慣。

①外陰部的清潔

產後陰道內會排出紅色的液體物，也就是俗稱的惡露。惡露若有異臭味，即表示有可能受到細菌感染。

有些產婦會陰有裂傷的縫合傷口，所以，要特別保持陰部清潔，勤於更換產墊，穿著吸汗的棉質內褲。

產婦清洗陰部時，只能洗外陰部，不能洗陰道裡面，以免造成細菌感染。

②乳房清潔

產後二、三天會分泌乳汁，應以肥皂清洗乳房，並注意雙手的清潔，以免造成乳腺炎而影響餵哺工作。

乳房若出現紅腫、硬塊而感覺疼痛時，要及時就醫治療。

③沐浴

產後婦女新陳代謝較快，容易出汗，為了維持皮膚的功能，增加舒適感，每天至少要淋浴一次。

為防止產後掉髮，仍然要和平常一樣勤於洗頭、梳頭。

④休息

懷胎十月的辛勞，再加上生產的疼痛以及產後對於寶寶的細心照顧，使得產婦體力大大的透支。

因此，要取得充分的休息和睡眠，保持愉快的心情。當然，這一切都要得到家人，尤其是先生的協助。

⑤排泄

產後腹腔壓力的改變影響了大腸的蠕動，再加上會陰部傷口的疼痛，導致排便不易。所以，產後要充分攝取水分和蔬果，促進排便順暢。

預防子宮脫垂和尿瀦留

產後二十四小時內，產婦要臥床休息，消除生產時的疲勞。如果會陰沒有傷口，第二天就可以下床活動。早期下床，可以提早恢復身體的生理功能，促進子宮分泌物的排出，使子宮早日復原。

但是，產後數日內，不可從事重體力勞動，也不宜攀登高處或長時間下蹲，以免子宮脫垂。

產後膀胱張力遲鈍，一旦過度膨脹，就會發生尿瀦留的現象，尿液無法排出。因此，在產後數小時內就要盡量排尿。若在八小時內依然無法排尿，可以利用熱水袋熱敷下腹，或用溫開水沖洗外陰及尿道周圍，解除尿道括約肌的痙攣。

此外，也可以嘗試針灸治療或多吃蔬果。早日下床活動，就可以促進腸的蠕動，預防便秘。

剖腹產手術後的注意事項

剖腹產是為了解決難產而進行開腹大手術。術後復原情況是否順利，對於產婦日後的健康有極大的影響。換言之，坐月子期間，特別需要注意術後傷口的恢復。

以下事項要特別注意。

①術後的飲食

可根據手術情況而定。通常術後六小時就可以吃米湯、蛋湯、豆奶、藕粉等流質食品。以少量多餐為原則，防止消化不良或腸梗塞。便秘時，可攝取香蕉等水果以利排便。

②術後的衛生

除了每天刷牙洗臉、飯前及便後和哺乳前要洗手之外，還要保持傷口的衛生，同時也要注意陰部的衛生。

③術後的排泄

第一天在床上坐著排泄。

第二天拔出導尿管後即可下床排泄。每三小時排尿一次，否則會因膀胱過度膨脹而影響子宮正常的收縮，引起產後大出血。

第三天可以在室內扶著牆壁練習走路。感覺頭暈不適時，要立即回到床上休息，小心摔跤。

④術後症狀

術後傷口會疼痛，不過，這種疼痛是可以忍受的。疼痛難耐時，要請醫師檢查腹壁是否有血腫。

此外，術後陰道會流血，但量不超過月經量，如果出血量過多，就要請醫師檢查，找出病因並加以治療。

通常腹部傷口在七天後可以拆線。拆線後遇到咳嗽時，需要用手按壓傷口兩側，防止傷口裂開。

產後性生活

產後母體的生理變化很大，尤其是生殖器官經過懷孕和生產的變化和創傷，必須要經過一段時間才得以復原。

在這些器官、組織尚未復原之前，絕對要禁止性生活。否則不但會給產婦帶來痛苦，還會因為傳染而造成疾病。

通常子宮要經過六～八週才能夠復原，所以，最好在八週以後才過著性生活。至於剖腹產或會陰、子宮頸縫合、產褥期出現感染及發燒或出血等情況時，則因為外陰等器官組織復原緩慢，所以，房事時期也要相對延後。剖腹產者最好在產後三個月以後再恢復性生活。

有些夫妻在外陰恢復正常、惡露乾淨時，就急於想要過著性生活，但這樣容易引起陰道炎、子宮頸炎、子宮內膜炎等疾病，必須注意。

在恢復性生活之初，由於產婦體內的內分泌尚未恢復到懷孕前的水準，陰道組織較薄、較脆弱，所以，丈夫的動作要溫柔。如果妻子仍然感覺不適，就要體貼妻子，不要勉強進行房事。

坐月子期間的避孕

很多人以為，利用母乳餵養嬰兒的產婦可以不必採取避孕，但事實證明，這種說法並不可靠。產婦在哺乳期間性交，隨時都有可能因為恢復排卵而受孕。這種情形佔三分之一。因此，婦女們不要心存僥倖，以免受苦。

產後不哺乳，則月經通常在產後二十八～四十二天來潮，有的人甚至三個月才恢復月經。第一次月經的量比平時多，且大部分都無排卵，但不哺乳的產婦也偶有排卵。大多數的婦女產後經過二～三個月經週期後，卵巢功能才會完全恢復正常，月經量也恢復正常，有排卵。

因此，在坐月子期間一定要做好避孕措施。方法包括產後八週內禁止性生活，或產後三個月內使用保險套、陰道隔膜，或採取體外射精等避孕方法。產後三個月才能夠安裝子宮內避孕器，而剖腹產者則要等半年後才能夠安裝。另外，產後十個月可以使用避孕藥。

產後檢查的重要性

產婦經過四十二天，也就是產褥期的休息和調養後，會覺得身體已經復原得差不多了，但究竟復原到何種程度、嬰兒是否正常，都還必須經過產後檢查才能夠確認。

產婦方面的檢查內容，包括量體重、檢查盆腔器官、量血壓、驗血及驗尿，同時對於產後無奶或乳汁分泌不足的情形，進行飲食指導或給予藥物治療。

藉由這些檢查，可以了解飲食是否偏差、子宮復原是否正常、子宮頸是否出現糜爛、會陰和陰道傷口是否癒合、是否有妊娠高血壓綜合症等。

經由對於嬰兒進行檢查，可以了解嬰兒的生長發育情況、營養狀況、臍帶脫落情況以及是否有其他異常等。

避免勞心勞力

坐月子期間，要暫停肉體的勞動，同時也要避免精神方面的疲勞。不要去想一些傷感的事，要常常微笑，保持心情愉快。

生產是身為女人重要的任務，同時也是全身消耗最激烈的一次活動，為了恢復身心兩方面的疲勞，家人對於產婦的照顧一定要盡心盡力。當然，產婦也要誠心誠意接受家人的照顧。只要保養得當，身體就會比產前更加的健康，外表也會更加的美麗。

有些婦女在產後精神狀態出現很大的變化，心情煩躁、激動、焦慮不安、失眠、情緒低落、憂鬱愛哭，也就是罹患了所謂的產後憂鬱症，在產後三～四天最為明顯。

原因可能來自缺乏家人的關愛，孩子不會吃奶、擔心孩子今後的成長及教育、無法做家事等，但是，專家們認為，主要原因是產後體內分泌激素發生劇變所致。如果不能及時發現產後憂鬱症，就會導致症狀惡化，甚至引起產後精神病。

要消除產後憂鬱症，除了需要得到醫護人員細心的護理外，家人也要多加給予照顧和安慰，特別是丈夫的關懷，更能夠發揮療效。

第三章 懷孕Q&A50問

Q1 懷孕後還會來「月經嗎」？

A 有的婦女在懷孕後的三個月內，每個月陰道仍會少量出血而被誤以為是月經。醫學上稱此為「激經」、「漏胎」或「垢胎」，可能是孕卵著床後子宮內膜的一種生理反應，或是雙子宮女性未受孕的那個子宮內蛻膜出血所致。雖說這種陰道少量出血的情形不會影響到胎兒的發育，但要注意勿將這種情況誤以為是懷孕前的最後一次月經，而將孩子的預產期延後計算。

Q2 婦女的適當生育年齡爲何？

A 最好在三十歲之前生育，尤其二十四～二十九歲為佳。這個年齡層的婦女發育成熟，能夠調節並適應懷孕、分娩期間的心理變化和精神刺激，具備了做母親的條件，也能勝任哺育和教育下一代的任務，生下的孩子既健康又聰明。

此外，根據統計顯示，二十四～三十歲婦女所生下的孩子，不論是身高、體重、胸圍、跳遠等素質綜合評分都較高。

Q3 爲何高齡產婦易生下畸形兒或痴呆兒？

A

高齡產婦通常是指三十五歲以上的產婦，其懷孕需要承當某種程度的風險，其中尤以先天性痴呆兒或畸形兒的發生率較高。最為常見的痴呆兒稱為「先天愚型」，擁有小兒扁圓臉、兩眼裂相距甚遠、鼻梁塌、伸舌頭等特徵，故又稱為「伸舌樣痴呆」。追究其原因，主要是高齡婦女的卵子老化所致。

年齡越大，卵子就越容易衰老。卵子貯存在卵巢中的時間越長，則接受到感染、藥物、放射線等有害因素影響的機會也就越多，因此，產生染

色體突變的機會也較大。染色體異常所引起的先天性畸形或痴呆終生無法治癒，會給社會、家庭帶來沈重的負擔。

根據數字統計，三十五～四十歲孕婦生下先天愚型的機率為三十五歲以下產婦的三倍以上。

A Q4 服用避孕藥會對胎兒造成不良影響嗎？

口服避孕藥主要分為人工合成的孕激素和雌激素，不過，因為這些激素本身就存在於婦女體內，而且藥中激素含量很少，所以藥物的副作用不算大。

近二十年來，國內外對於服用避孕藥是否會對胎兒造成致畸作用進行深入的探討與研究，但至今仍然眾說紛紜。

不過，長期服用避孕藥，可能會對胎兒染色體產生誘變作用，所以，長期服用避孕藥的婦女，最好在停藥半年後再懷孕。

Q5 服用避孕藥的過程中懷孕該怎麼辦？

A 事實上，口服避孕藥的效果十分可靠，只要按照指示正確使用，失敗的機率幾乎為零。究其失敗原因，多半是服用方法不正確或未堅持服藥所造成的。根據研究發現，避孕藥能夠使服用藥物的婦女血內淋巴細胞染色體發生斷裂或異位，但是否會因而造成胎兒畸形則尚不確定。基於優生學的考量，為了孕育健康的下一代，服用避孕藥的過程中懷孕，或不知道自己懷孕而仍然繼續服藥的人，建議最好做人工流產。

總之，懷孕期間應該禁用避孕藥。

Q6 未婚懷孕的人工流產會有哪些危害？

A 現在，很多未婚男女在婚前都曾有過性行為，其所造成的直接惡果就

是未婚懷孕。因為未婚懷孕而接受人工流產的比率逐年攀升。

青春期是人生旅途中最容易受到誘惑的時期，對於任何事都充滿好奇，躍躍欲試。尤其男女之間的接觸，更是容易由於一時的性衝動而無法自我控制。此外，青春期也是人生過程中生殖力十分旺盛的時期，一旦有性的結合，就很容易懷孕。未婚懷孕而接受人工流產，會給男女雙方，尤其是女方帶來莫大的痛苦。從醫學觀點來看，未婚流產的危害堪稱是一種「人為公害」。

人工流產是一種手術，稍有不慎，就可能會發生子宮出血、感染、子宮穿孔等併發症，尤其多次墮胎，會造成月經失調、繼發性閉經、習慣性流產、不孕或日後生產時胎盤沾連的後遺症。

如果術後無法得到充分的休息、怠忽衛生管理，或很快的又有性行為，那麼，就容易引發產道發炎，引起輸卵管炎性阻塞或是功能受損。流產後若陰道出現不正常出血、腹痛、發熱，要馬上就醫。婚後的不孕症，往往是婚前性行為留下的惡果。

最糟糕的情況是，因為害怕未婚懷孕之事被家人知道而自己尋找密醫墮胎，結果造成死亡意外事故。

男女追求感情是很美好的一件事情，但是，切莫因為一時衝動而喪失理智。萬一不慎懷孕，也一定要到合格醫院接受適當的處理。

Q7 婚後不懷孕表示罹患不孕症嗎？

A

所謂的不孕症，是指夫妻同居二年以上，性生活正常，雖未採用任何避孕措施但卻沒有生孩子的狀況。不孕也成為現代社會的一大問題。

婚後不曾懷孕稱為原發性不孕。而婚後曾經懷孕但在流產或生產後二年以上未避孕卻不受孕，則稱為繼發性不孕。男女雙方或其中一方生殖器官出現嚴重缺陷或畸形，而且無法經由治療而受孕，這種情況就稱為絕對性不孕。另外，還有習慣性流產，是指雖然能夠受孕但卻反覆流產、不能順利產下活嬰兒的情況。

由此可知，婚後不久未孕，不能武斷的認為是「不孕症」，應該到醫院接受檢查，針對不孕的原因對症治療。

Q8 不孕的原因出在女方嗎？

A

受孕的生理過程頗為複雜，需要具備以下幾個基本條件才能受孕。

①女方的卵巢每個月都能夠排出成熟正常的卵子。

②男方在性交時有射精的行為，而且精液中擁有數量、形態正常及充滿活力的精子。

③女性的輸卵管通暢，使精子和卵子能在管內相遇受精。

④受精卵必須經過輸卵管進入子宮腔並在子宮內膜著床。

以上任何一個條件不成立，就有可能發生不孕。所以，引起不孕的原因可能同時存在於男女雙方身上，或是男女其中的任何一方。

根據統計數字顯示，不孕原因出在女方身上佔百分之四十五，而由男方引起者佔百分之二十五，男女雙方因素引起佔百分之二十二，原因不明佔百分之八。

不孕的夫婦應該同時去醫院接受檢查，針對原因加以治療。尤其男方所進行的精液檢查，其過程比女方來得簡單，而且完全沒有痛苦，所以，不能夠以大男人主義掛帥，應該自己先去接受檢查。

Q9 為何會產下畸形兒？

A

根據調查研究發現，生下畸形兒的原因包括內因與外因兩方面，其中遺傳因素造成的佔百分之十，懷孕期尤其是懷孕初期三個月受外界環境因素作用影響所造成的佔百分之十，遺傳和環境因素互相共同作用所引起的佔百分之八十。

至於畸形兒成因，又可分為生物因素、遺傳、近親聯姻、多孕密產、高齡產婦、細菌或病毒感染及併發糖尿病、癲癇、妊娠高血壓綜合症等。

此外，還有化學因素，例如營養不良、濫用藥物、嗜好菸酒、接觸有毒化學物質等。而物理方面的因素則包括缺氧、放射線照射及分娩損傷等。

為了預防及減少畸形兒的發生，必須做好婚前檢查，避免近親聯姻，同時要掌握最理想的生育年齡。懷孕期間要避免受到外界因素的刺激，例如，預防感染、慎重用藥、避免照射放射線或接觸有毒物質等。

A Q10 生男生女由誰主宰？

現在是少子化的社會，很多夫妻都不想生孩子或只想要擁有一個孩子就好。當然，能夠如願的生下自己想要的兒子或女兒那就更棒了。

隨著醫學和遺傳學的發展，生男生女的奧秘已經被揭示。人類男女性別的決定，就在於精子和卵子受精的一瞬間，而這關鍵時刻主要決定因素就在於男方精子所擁有的性染色體類型。

如果含Y性染色體的精子與卵子結合，就會生下男孩；而含X性染色體的精子與卵子結合，就會生下女孩。簡單的說，生男生女決定在丈夫精子的類型。因此，重男輕女的大男人主義者責怪妻子生女不生男，那是沒有道理的。

Q11 一定要做產前檢查嗎？

A

孕婦定期接受產前檢查，目的在於了解胎兒的發育和孕婦的健康情況，以便及早發現問題並進行治療，使胎兒和孕婦能夠順利的度過懷孕期。

通常，整個懷孕期的產前檢查為九～十三次。初次檢查是在停經後三個月以內，之後每隔一～二個月檢查一次，在懷孕的六～七個月間，亦即是二十四～三十二週末每個月檢查一次。八個月以後，也就是三十二～三十六週則要每二週檢查一次。最後一個月是每週檢查一次。萬一出現異狀，必須要按照醫師的約定日期進行複診。

Q12 癌症會遺傳給後代嗎？

A

根據最新的研究結果顯示，孕婦體內的致癌物質或是已經生成的致癌因子，會通過胎盤進入胎兒體內，對胎兒造成致癌作用，不但會危害下一代，甚至可能在下兩代發生同樣的致癌結果。

癌細胞會迅速的繁殖，廣泛浸潤，具有強大的破壞力，會滲入血液、淋巴及各種組織內，對孕婦、胎兒發揮毒性作用。因此罹患癌症的婦女，要採取有效的避孕措施。萬一避孕失敗，也要接受人工流產，以免禍遺子孫。

胎兒的重要器官和組織尚未完全發育成熟，因此，對於各種致癌物質或致癌因子的抗性較差，抗癌解毒力較弱，容易受到嚴重的危害，所以，孕婦務必要遠離各種致癌物質或致癌條件，以免危害下一代。

Q13 如何知道自己懷孕了？

A

一旦受孕，則隨著子宮內胎兒的生長發育，母體的其他部分會出現變化，從這些徵兆中可判斷自己是否已經懷孕了。

懷孕的最初變化就是月經停止，其次開始出現頭暈、乏力、睏倦、嗜睡等症狀。到了停經一個半月左右，會出現食慾不振、噁心、嘔吐、嗜吃酸辣食物及討厭油膩食物的症狀。這種反應會持續出現六週，直到停經三個月後就會逐漸好轉。

在這段期間，孕婦會出現頻尿現象，同時乳房發脹、乳頭刺痛且顏色變黑。

一般在家庭中會藉著二種方法判斷自己是否懷孕。首先是測量基礎體溫。方法是每天早晨醒來未起床前，在不做任何活動的情況下，先用口溫計測量口腔體溫並加以記錄。通常，月經週期規則的婦女月經到期卻未來，而且基礎體溫持續約十六天保持在三十七～三十七．二℃，則表示有懷孕的可能。如果持續二十天不降溫，就可以確定是懷孕。

第二種方法是檢查晨尿。月經過期而不來時，可用乾淨的玻璃杯採集晨尿三分之一杯，滴入數滴碘酒，將燒杯置於爐上加熱，待尿呈紅色後，停止加熱讓其自然冷卻，冷卻後如果尿液的紅色消退，就表示已經懷孕了；若顏色不變，就表示沒有懷孕。

為了確定是否懷孕，可以到醫院驗尿或接受超音波檢查。

Q14 利用鹼性藥液洗陰道就能生出男孩嗎？

A

到目前為止，這只是一種學說，是對某些現象的一種解釋，在科學上尚缺乏可靠的證據，而且人為的干擾陰道的生理環境會危害健康。

之所以有此一說，是因為一九三〇年代一位德國醫師在治療女性的不孕症時，偶然發現當陰道分泌物呈鹼性時容易生男孩；分泌物呈酸性時容

易生女孩，因此，提出人類體液的酸鹼度能夠影響胎兒性別的學說。

到了七〇年代，隨著精子研究的深入，發現含X性染色體和含Y性染色體的精子對於陰道酸鹼性環境的適應力不同，因此，又有人提出性交前用鹼性溶液洗陰道，可增加含Y性染色體精子的活力，加快游動速度，延長受精壽命，率先和卵子結合，達到生男孩的目的。反之，用酸性溶液沖洗陰道，就可以達成生女孩的願望。

但誠如最前面所說的，這在科學上仍缺乏可靠的證據，所以，別信以為真。

Q15 營養和不孕有關係嗎？

A 營養和不孕有一定程度的關係。營養不良的婦女即使懷孕，也容易造成胎兒生長遲緩、流產或死產等。就算嬰兒僥倖的出生，也可能是低體重、體質差、智能不足，體力和行為都出現某些異常，免疫功能也會降低。

尤其缺乏維他命A、B、E時，會影響卵巢內分泌功能而導致不孕。

另外，體力過度消耗或缺乏戶外活動，也會提高不孕率。

有些婦女因為食慾不振、厭食、全身疾病、手術引起腸內消化不良或代謝功能紊亂，造成身體的攝取、消化、吸收和利用食物的過程出現障礙，導致營養不良。在各種不孕因素中，營養不良是不容輕忽的。

然而，過度肥胖也會影響卵巢功能而造成不孕，因此，並不是說吃得越多、營養越豐富就越容易受孕。

Q16 妊娠紋可以去除嗎？

A 孕婦在懷孕五個月左右，腹部、大腿或乳房會出現妊娠紋。這是一種呈火花狀的粉紅色細小條紋。

事實上，未婚女子甚至男性也會出現妊娠紋。妊娠紋只是皮膚的彈力

纖維受到肥胖、內分泌改變等因素的影響，出現斷裂而生成的斑紋。

如果原因在於內分泌改變，則主要是由腎上腺分泌的皮質素作用所造成。在懷孕末期，孕婦體內腎上腺分泌活動旺盛。而體重過度增加的肥胖者，其腎上腺皮質素的分泌也會增加。

因此，想要去除妊娠紋，就要控制體重，避免發胖，這樣才能夠避免或減少妊娠紋。

Q17 哪些孕婦要接受產前診斷？

A

產前診斷能夠了解子宮內的胎兒是否正常發育、是否有先天性缺陷或遺傳性疾病。產前診斷只適用於一些特殊孕婦，和一般孕婦的定期產前檢查不同。

需要接受產前診斷的情形，包括孕婦曾生下異常胎兒，例如，無腦兒等，孕婦在懷孕十週內曾服用過不當藥物等對胎兒有害的物質、曾經罹患過麻疹、孕婦年齡在三十八歲以上、有習慣性流產或早產、經由產前檢查發現羊水過多、夫婦一方患有遺傳性疾病，或其中一方的家屬中有人生下過遺傳性病兒或智障兒等。

最常見的產前診斷方法是羊水特殊檢查、B型超聲儀檢查等。

A Q18 子宮位置不正會影響懷孕嗎？

子宮好像一個倒掛在骨盆中央的「梨子」，其位置可依人的體位改變而改變，但是，這種改變是不會影響懷孕的。先天性的子宮後屈容易導致不孕，尤其是因慢性盆腔炎或子宮內膜異位等，引起子宮牢固性沾連性後屈位，更是容易引起不孕。

子宮位置不正，會造成子宮腔與陰道間通路角度的各種變化，引起子宮頸內狹窄，阻礙精子順利的進入子宮。

此外，也會間接拉扯子宮兩上角的卵巢，影響卵巢的血液循環，造成卵巢內分泌和排卵功能障礙，引起不孕。

在醫師的指導下進行膝胸臥式體位操，並採墊高臀部的性交體位，就有可能提高受孕機會。當然，也可以藉著手術擴張子宮頸管加以治癒。

Q19 孕婦避免接觸貓、狗等寵物的理由何在？

A

貓是人類感染弓漿蟲病的主要禍源。此寄生蟲常寄生於貓的腸管內，隨著糞便的排出而污染食物、用具與水。人類吃了被感染的豬、羊肉或被貓糞污染過的食物或水，就會引起人類的感染。如果食用未完全煮熟的肉，那就更容易感染了。

孕婦一旦感染這種疾病，容易引起流產、早產或死胎。形成的原蟲血症會通過受損的胎盤進入胎兒體內，使胎兒引起先天性弓漿蟲病，損傷神經系統，出現腦積水、腦鈣化、腦性麻痺、小頭症及精神發育障礙等。就算正常分娩出的嬰兒，也會在出生數個月或數年後出現斜視、失明、視網膜脈絡炎、癲癇、智力遲鈍等後遺症。

為了加以預防，孕婦最好遠離寵物。病死的動物要進行火化，不要食用。不吃未煮熟的肉類，防止水源被貓糞污染。病患要到醫院接受治療。疑似感染時，要進行預防性的治療，以免胎兒被感染。

Q20 孕婦用藥會引起哪些危險？

A

幾乎所有的孕婦在懷孕期間或多或少都用過藥，但是用藥不當，不但對自己有害，也會危及胎兒，造成胎兒畸形。

懷孕期間，最常見的是因為感冒、頭痛、發燒而服用阿斯匹林等退燒止痛藥。但是，在懷孕初期服用含有阿斯匹林的藥物，容易引起胎兒骨骼畸形或心血管、神經系統、腎臟等先天性缺陷。而如果在懷孕末期或臨盆前服用，那將會使預產期延長，造成分娩期出血、子宮收縮無力或引起死胎、死產。

雖說服用維他命C和葉酸可以預防或減少先天性畸形的發生，但是，大量或長期服用，尤其是服用過期、變質的維他命C，則會影響生殖功能或引起死胎，這是根據動物實驗而得知的事實。

另外，使用過量的維他命A、D、K，或不當的使用四環素、土黴素、氯黴素、安眠鎮靜藥、抗過敏藥及止咳藥，都可能對胎兒造成損害。因此，懷孕期間要避免用藥。即使因為有病而必須服藥，也要在醫師的指導下使用。

Q21 超音波檢查是否對胎兒有不良影響？

A 掃描是一種機械功能，不同於X射線或其他放射性物質，不具累積作用。因此，掃描診斷是安全、無創傷性的檢查。當然，產科掃描診斷仍應掌握適應證來進行，避免不必要的反覆檢查。

臨床上經過多年的觀察，證明掃描檢查對孕婦和胎兒都是安全的。

Q22 哪些婦女容易出現孕吐？

A

婦女懷孕一～三個月內，容易出現噁心、嘔吐等孕吐，也就是所謂的「害喜」。因為多半在早晨出現，所以又稱為「晨吐」。一般而言，不需要特殊治療，懷孕三個月後孕吐現象會自然消失。不過，也有少數婦女孕吐的情形日益惡化，甚至出現持續性嘔吐而影響孕婦的健康，這種情形稱為「妊娠劇吐」。孕吐的嚴重程度因人而異，各有不同。不過，以下幾種情況容易導致孕吐的發生。

①年輕孕婦，尤其二十歲以下的女性比年長孕婦更容易嘔吐，三十五歲以上的婦女較少出現孕吐。

②初產婦或經產婦更容易引起孕吐。

③罹患葡萄胎的婦女孕吐反應明顯加重。

④家庭主婦或職業婦女更容易出現孕吐。

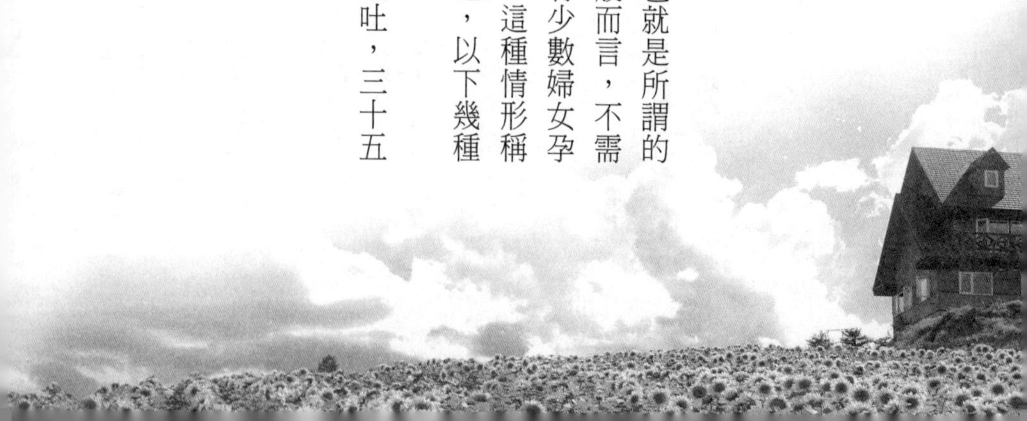

⑤不抽菸孕婦比抽菸孕婦更容易出現嚴重的孕吐，這可能是因為菸的刺激使後者對嘔吐反射的敏感度下降所致。

⑥肥胖孕婦較容易出現孕吐。

⑦懷雙胞胎或多胎孕婦比懷單胎孕婦更容易出現嚴重的孕吐。

一般而言，孕吐嚴重的人較容易引起流產。

Q23 自行治療孕吐的方法有哪些？

A

嚴重的孕吐要接受醫師的治療，症狀輕微者，可以採用以下簡單的自我療法。

①少量多餐，吃自己想吃、不易嘔吐的食物，攝取適量的維他命B_1、B_6、C，同時要充分休息。

②取生薑汁一匙、蜂蜜二匙、水三匙，蒸熟後一次服下，每天喝二～三次。

③食用醋六十毫升加三十克白糖，溶化後再打入一個雞蛋，蛋熟後食用，一天一次。

④新鮮桔皮一個切成細絲，生薑一塊約二十五克切成細末，加入適當白糖用沸水沖泡，代茶飲用。

A Q24 孕婦感冒是否不要服藥待其自然痊癒？

孕婦的鼻、咽、氣管等呼吸道黏膜肥厚、水腫、充血，抗病力較低，容易引起上呼吸道感染，如果症狀嚴重，還是要儘早就醫。孕婦感冒服藥容易影響胎兒，可以藉著以下方法治療上呼吸道的感染。

①感冒初期喉嚨又癢又痛時，可以每隔十分鐘用鹽水漱口一次，連續進行十幾次就能夠改善症狀。

②喝雞湯能夠強化人體的自然抵抗力，預防感冒的發生。感冒時，藉著喝雞湯，能夠緩和鼻塞、流鼻水等症狀，同時對於呼吸

道的病毒具有清除效果。

③在保溫杯內倒入四十二℃左右的熱水，將口、鼻部置於杯口內，不斷的吸入熱氣。一天三次。

Q25 為什麼孕婦會出現頻尿現象？

A

孕婦在懷孕初期和末期會出現頻尿，初期是因為子宮增大，將膀胱向上推移而出現頻尿。末期是因為胎兒先露部分壓迫膀胱，使膀胱的容量減少，所以會出現頻尿。這都是正常的生理現象。

如果小便次數增多，且伴隨出現尿痛、發熱、有膿、血尿，則是泌尿道發炎的徵兆，要及時就醫接受治療。

Q26 懷孕期出現哪些意外狀況時要緊急就醫？

A

孕婦在懷孕期間出現以下狀況時要緊急就醫。

①陰道出血或突然流出混濁液體。

②腹部突然疼痛。

③持續出現嚴重的頭痛、眼花。

④發冷、發熱或嘔吐不止。

⑤胎動劇烈或明顯減少。

這些異狀往往是流產、子宮外孕、葡萄胎、前置胎盤、胎盤早期剝離、胎膜早破等前兆症狀，宜緊急就醫，以免因為延誤就醫而影響母子的健康及安全。

Q27 孕婦要如何處理滴蟲性陰道炎？

A

這是婦女常見的一種疾病，但是對孕婦來說，滴蟲性陰道炎的治療要考慮用藥對胎兒的影響。無論是使用陰道局部塞劑或口服藥劑，都可能誘發早產或流產，甚至使胎兒發育異常。在臨床上會使用曲古霉素、黃連素、大蒜素來治療，因為這些藥物對滴蟲、霉菌具有抑制作用，而且也未發現懷孕期使用會對胎兒產生副作用。

在治療期間要保持外陰部的清潔，避免性交，每天換洗內褲。滴蟲容易藏在陰道皺襞內或尿道及尿道旁腺等處，而男性則容易藏匿在尿道、前列腺等處。因此，如果反覆發作，那麼，也要一併檢查丈夫的尿液和前列腺液，必要時則夫妻應同時接受治療。

A Q28 電熱毯是否會對孕婦造成不良影響？

寒流來襲時，人們喜歡待在溫暖的室內看電視、聽音樂，這時電暖器是不可或缺的必備品之一。不過，要特別注意的是，孕婦禁止使用電毯取暖，因為電毯通電後會產生強烈的磁場，這種磁場會使胎兒的細胞分裂異常，導致胎兒畸形。

曾有報導指出，長期使用電毯的孕婦容易產下罹患先天性骨骼缺陷的嬰兒。基於安全考量，建議孕婦利用熱水袋或暖暖包等取暖。

Q29 孕婦應該採取何種洗澡方式呢？

A

以前有人認為，孕婦懷孕七個月後，子宮頸會縮短，洗盆浴時，細菌容易侵入陰道，進入子宮腔，造成感染，因此，洗澡時最好選擇淋浴方式。後來，經由實驗證明，洗澡水無法通過陰道滲入子宮，根本不會引發細菌感染。

事實上，洗盆浴具有鎮靜作用，能夠幫助失眠的孕婦熟睡。孕婦洗盆浴時，水溫約維持三十七℃，過熱容易使人疲倦，過涼可能會引發子宮收縮或蛋白尿的症狀。浸泡時間不宜太長，五～十分鐘即可，而且要禁止蒸氣浴。此外，為避免大量出汗，可在洗澡水裡添加少許的鹽或醋。

總之，孕婦在懷孕期間汗腺和皮脂腺分泌旺盛，陰道分泌物也多，所

以，最好勤於洗澡和更換乾淨的衣物。預產期前洗盆浴要謹慎，避免發生羊水早破的意外狀況。

Q30 孕婦可以喝含有咖啡因的飲料嗎？

A 懷孕期間，孕婦最好避免喝含有咖啡因的飲料，尤其是濃茶或咖啡。一杯濃茶約含二十八～四十毫克的咖啡因，產婦在餵奶時喝茶，咖啡因會透過人乳進入嬰兒體內，引發腸痙攣等病症。嬰兒無故啼哭也是這個原因造成的。

另外，咖啡的咖啡因含量極高，每天大量飲用咖啡的婦女，不僅容易生下畸型兒，同時還有罹患胰腺癌的危險性，不得不慎。

Q31 孕婦忌鹽嗎？

A 這是錯誤的觀念。孕婦的新陳代謝較常人旺盛，腎臟的濾過率和排泄功能增強，鈉流失較快，所以，對鈉的需求量增多。如果擔心浮腫而過度減鹽，那麼，體內會因鈉不足而使水分不易聚積，導致食慾減退、全身倦怠，產後母體甚至有虛脫、休克及不易恢復健康的危險。

事實上，孕婦的腳踝周圍浮腫，是子宮增大壓迫到下腔靜脈，血液回流受阻，過多的血液積存在下肢所造成的。雖然水分和鈉積存也會引起下肢浮腫，但只要充分休息，這種現象就能消除，稱為「生理性水腫」或「體位性水腫」，是懷孕時的正常現象。

因此，除非孕婦出現高血壓、蛋白尿或妊娠中毒症狀，否則維持日常的飲食習慣即可。

Q32 孕婦可以有性生活嗎？

A 懷孕前三個月，胚胎正在發育，尚未完全成形，與子宮壁的連接不緊密，做愛時盆腔充血，子宮受振動而容易收縮，誘發流產。懷孕四至七個月時，胎盤發育成熟，胎兒也已經成形，進入穩定期。這時，只要動作緩和，採取不會壓迫到孕婦腹部的體位，每週可以做愛一次，但要避免發生胎膜早破和子宮感染的危險。

懷孕最後三個月，尤其是產前一個月，子宮頸變軟，子宮頸口逐漸張開，若在這時做愛，容易造成早產。

因此，丈夫應該體貼懷孕的妻子，給予更多的關懷和呵護。

Q33 孕婦要注意肥胖的問題嗎？

A

飲食過量和缺乏運動是造成孕婦肥胖的主因。孕婦肥胖可分為單純性肥胖與症狀性肥胖。

單純性肥胖可採取飲食療法、運動療法和藥物療法加以改善，而症狀性肥胖最好進行內科治療。

肥胖的孕婦容易引發產科併發症，例如，胎膜早破、妊娠高血壓綜合症、分娩時子宮收縮無力或產後出血等，甚至造成胎兒過大、胎兒死亡、胎兒宮內窒息等狀況。

此外，也可能會引起糖尿病、貧血、腎盂炎、靜脈瘤等併發症。

肥胖的孕婦應該要控制攝取的熱量，每天限制在一千二百～一千五百大卡。多吃蔬果，保持營養均衡，而且要經常測量體重，將體重控制在比孕前增加七～九公斤的範圍內。一旦體重增加超過十三公斤，則孕婦和胎兒的危險性會比正常孕婦高約二倍，要特別謹慎。

Q34 孕婦可以多吃水果嗎？

A

水果含有百分之九十的水分，其餘則是果糖、葡萄糖、蔗糖和維他命。醣類容易消化吸收，其中果糖和葡萄糖代謝後會轉為中性脂肪，容易引起高血脂症。雖然多吃水果可以增加營養，但是，每天的水果攝取量還是應該控制在三百克以下。

水果最好生吃，不要煮熟。切開後要立刻食用，擱置太久，會破壞其中所含的維他命C，而且要削皮吃，以防農藥殘留的問題。

Q35 爲什麼懷孕時要少喝冷飲？

A

孕婦的胎盤會產生大量孕激素，使胃腸道平滑肌張力變小、胃酸降低、胃腸蠕動減緩，對冷熱的刺激非常敏感。喝冷飲會使胃腸血管突然收縮、胃液分泌減少、消化功能降低，引起食慾不振、腹瀉、胃部痙攣等症狀，甚至出現劇烈的腹痛。

此外，孕婦的鼻、咽、氣管等呼吸道黏膜經常呈充血的狀態，大量喝冷飲，血管突然收縮，血液減少，會導致局部抵抗力降低，使潛伏的細菌或病毒乘虛而入，引發聲啞、咳嗽等，嚴重時，甚至會引發上呼吸道感染或誘發扁桃腺炎。

有人發現，孕婦喝冷飲時，腹中的胎兒會變得躁動不安，胎動頻繁，所以，懷孕時應該少喝冷飲。

Q36 為什麼散步是孕婦的最佳運動？

A

散步能夠促進全身血液循環，改善胃腸蠕動功能，增強腹肌力量，同時可以使心情舒暢，消除憂慮。懷孕時每天散步半小時至一小時，可以多吸入百分之二十五的氧，對孕婦和胎兒都有益。

孕婦散步時要穿著輕便的服裝，禁止穿高跟鞋。夏天帶洋傘或帽子，冬天戴圍巾。夏天最好在陽光不強的上午或傍晚，冬天最好在下午二點到三點外出散步。

另外，要避免有台階或需要爬坡的路線，減少出入人群擁擠的場所。

雖然飯後散步有助於食物消化，但是，孕婦應該充分休息後再外出。

Q37 孕婦可以外出旅遊嗎？

A 孕婦在懷孕期間若是身體沒有任何異常，就可以外出旅遊，但是，最好選在懷孕四～六個月的「安全穩定」期，而且外出前一定要到醫院做全身健康檢查，並和醫師商量行程，避免旅行時發生意外。

事實上，只要注意安全，旅行也可以當成是一種「胎教」。

Q38 孕婦如何檢測胎兒的安危？

A 懷孕四個月後，孕婦可以感受到胎兒在腹中的活動，即所謂的「胎動」。懷孕七～八個月時，胎動最頻繁。一旦胎盤功能減退，胎兒會慢性缺氧，胎動就會減少，甚至停止，所以，胎動減少可能是子宮內缺氧的危險信號。此外，鎮靜劑、安眠藥等藥物都會對胎兒造成不良影響，必須徵求醫師的意見後再服用。

以下介紹二種孕婦檢測胎兒情況的方法。

①孕婦採取側臥位或半臥位，每天早、午、晚各數一小時，再將三次計數總和乘四，即為十二小時胎動的總數。三十次以上表示胎兒的情況良好，低於二十次表示子宮內缺氧，十次以下即表示不良。

②通常胎動在晚上最頻繁、最強，孕婦可採左側臥位，在睡前數一小時。發現胎動低於三次時，最好觀察一小時後再數一次。

發現胎動異常時，要立刻到醫院檢查，否則胎兒可能會死於子宮內。

Q39 孕婦可以做運動嗎？

A

孕婦做運動，能夠調節神經系統的功能，促進血液循環，減輕下肢浮腫的症狀，尤其是戶外活動，陽光充足，有助於皮膚合成維他命D，促進鈣的吸收，幫助孕婦和胎兒的骨骼發育，而且可以增強孕婦的腹肌力量，降低難產的危險性。

不過，運動會對母體造成負擔，一定要嚴守下列幾個注意事項。

①懷孕前、後三個月，進行短跑等劇烈運動，容易引發流產或早產，同時要避免擠壓或振動腹部的活動。

②避免進行仰臥運動，防止子宮壓迫下腔靜脈而導致回到心臟的血流受阻。起床或運動時，不可迅速改變姿勢，避免引起體位性低血壓。

③懷孕時，孕婦的關節和韌帶較鬆弛，要避免進行使關節緊繃的運動。另外，孕婦的脊柱彎曲度發生改變，因此，在做伸展運動時要防止腰部受傷。

孕婦做運動前一定要和醫師商量，取得醫師的同意。運動時要穿彈力襪，穿戴合適的胸罩，一旦發生異常狀況時，要立刻中止。

Q40 如何避免妊娠高血壓綜合症？

A

妊娠高血壓又稱為妊娠中毒症或妊娠毒血症，主要症狀是高血壓、水腫和蛋白尿。嚴重時，甚至會出現抽筋和昏迷的現象，危及孕婦和胎兒的安全。

容易發生妊娠高血壓綜合症的孕婦，首先是體重迅速增加，懷孕後期體重每週超過五百克者。其次是平均動脈壓過高者。最後是第一胎、年輕或高齡、患有慢性高血壓、糖尿病、腎病等的孕婦。

只要生活作息規律，保持身心愉快，飲食生活正常，就可以防止妊娠高血壓綜合症。

Q41 如何預防下肢靜脈曲張？

A

下肢靜脈曲張是孕婦常見的現象，尤其久站、疲勞時更為嚴重。靜脈曲張的症狀包括腿部沈重、腫脹或痙攣等。可以採取下列的措施加以防止。

①養成每天散步半小時的習慣，在家中赤腳或穿拖鞋可以改善腿部的血液循環。

②避免長時間走路或站立，充分休息。

③夜晚就寢時，可在腳下墊枕頭或坐墊，使雙腿稍微抬高。

④洗澡時注意水溫，不可過熱或太冷。

⑤排便時間不宜過長，避免增加腹壓。

⑥少吃脂肪含量高的食物，保持營養均衡。

Q42 孕婦的情緒會影響胎兒嗎？

A

擔心胎兒健康、害怕生產的孕婦，容易焦躁不安，這種現象是正常的。然而，孕婦的負面情緒會對胎兒造成不良影響。根據研究，孕婦情緒不穩定時，胎動次數比平常多三倍，這表示胎兒也正處於窘迫不安的狀態中。

事實上，孕婦的情緒變化會刺激植物神經系統活動，使內分泌產生變化，生成各種激素，而這些化學物質會透過胎盤送達胎兒，影響其正常發育，例如出現顎裂等，甚至造成流產或死胎。

因此，建議孕婦多到戶外走走，放鬆身心，保持愉悅的心情。另外，也可以將自身的憂慮告訴醫師，共同商量解決之道。

A Q43 胎膜早破的因應之道爲何？

胎膜早破是指臨產前胎膜破裂，羊水流出。雖然多數孕婦會在破水後二十四小時內臨產，但是，有併發臍帶脫垂、胎兒窒息、早產或難產的危險性。

一旦胎膜早破，孕婦應該立即平躺，避免臍帶脫垂，同時仔細觀察宮縮、胎心及體溫變化等。破水二十四小時後尚未臨產者，可以使用抗生素預防感染。

Q44 孕婦應於何時住院待產？

A

產前二～三週，孕婦會出現不規律的下腹脹痛，每次不超過三十秒鐘。這種現象多半發生在夜間，很快就會消失。由於這樣的腹痛無法使子宮頸管口擴大，也不會伴隨出現流血性黏液或流水，所以稱為「假臨產」，這時還不必住院。

等到出現規律且逐漸增強的腹痛，每次間隔二～五分鐘、持續三十～六十秒，而且陰道排出少量血性黏液時，經醫師診斷為臨產後，就可以住院。若是陰道突然流出大量水樣液體，無任何臨產徵兆，可能是胎膜早破現象，必須立刻住院。

此外，超過預產期十四天的孕婦，胎盤老化，容易引起胎兒窒息或產後出血，導致難產或胎兒死亡。這時，無論是否有臨產徵兆，都要立刻住院待產。

Q45

A 如何減輕生產的痛苦？

現代人的平均生育率逐漸下降，社會有高齡化的傾向。生育率降低的原因很多，例如，經濟壓力、治安問題等，其中還包括女性擔心產後身材走樣或怕痛。

關於疼痛，以下介紹幾種減輕分娩痛苦的方法供孕婦參考。

①攝取均衡的營養可以減輕痛苦，尤其要積極攝取富含鋅的食品，例如核桃、荔枝、松子等。每天喝一杯鮮奶可以補充鈣質。

②改變傳統的臥位分娩姿勢，採取適合骨盆結構和地心引力的靠背式坐椅分娩法，不僅可以促進子宮收縮，同時產婦可藉著靠背、手把等產生力量，調整分娩的感覺，讓胎兒更快的進入產道。

③利用電刺激產婦的腰部，有助於減輕疼痛並促進分娩。

另外，減壓無痛分娩等也有效。

生產不是妻子單方面的事，丈夫也應該適時的給予鼓勵，利用言語或肢體碰觸以穩定妻子的情緒，這也是緩和分娩疼痛的有效方法之一。

Q46 爲什麼孕婦要多吃紅糖？

A

紅糖是一種未經精製提煉的粗製糖，比白糖含有更多的「雜質」。事實上，這些「雜質」正是營養成分的來源。一斤紅糖的鈣質為白糖的二倍、葡萄糖為白糖的二十～三十倍，其他微量元素如錳、鋅等也比白糖豐富。

此外，紅糖還含有胡蘿蔔素、核黃素、菸酸等，這些都是白糖所沒有的。紅糖的另一項優點是容易被人體吸收、釋放能量快。

紅糖中含有大量的葡萄糖，能直接被人體吸收，孕婦喝下紅糖水後，會立刻感到全身發熱。因此，紅糖是適合孕婦食用的溫補品。

Q47 肥胖對產婦有哪些不良影響？

A

孕婦體重增加九公斤之內是最安全的。肥胖的孕婦容易出現各種產科併發症，例如，妊娠中中毒症、胎膜早破、子宮收縮無力、產後出血或胎兒死亡等，而且剖腹生產的機率相當高。

另外，糖尿病、腎盂炎、貧血、靜脈瘤等也是常見的併發症。

未孕時即超過平均體重百分之三十五的人，若懷孕時體重增加七～十三公斤以上，則產期發生的意外為一般孕婦的二倍、消瘦型孕婦的三倍。

因此，孕婦在補充營養之餘，還必須特別注意體重增加的情況。

Q48 懷孕期間孕婦體重增加的標準爲何？

A

婦女懷孕時，胎兒急速成長、羊水增加、子宮及乳房脹大，再加上母

體的水分、血液和脂肪大量增多，產前的體重可能增加十～十二公斤。懷孕中期至後期，若每個月的體重增加不足一公斤或增加三公斤以上，即為異常，容易引起併發症，必須立刻到醫院接受檢查。懷孕後期每週的體重增加則要控制在〇・五公斤之內。

A Q49

肥胖孕婦如何控制飲食？

肥胖孕婦要遵守三大原則，即少吃零食、主食減半、常測體重。原則上，孕婦的飲食應該是低鹽、高蛋白和適度的熱量。

體重正常的孕婦，每天應攝取的熱量約比孕前增加百分之二十五。懷孕之後的五個月內，每天要攝取二千～二千五百大卡的熱量，懷孕後期則略多。肥胖孕婦要攝取低熱量飲食，每天控制在一千二百～一千五百大卡，超肥胖者則要限制在九百大卡以下。

懷孕二十八～三十二週的孕婦，血漿蛋白最低，不宜限制蛋白質的攝

取量，每天要維持在七十～八十克。肥胖孕婦應減少攝取脂肪和醣類食品，多吃蔬菜和水果，食鹽量最好控制在七克以下，限制飲食期間要特別補充維他命和鐵劑。

Q50 哪些行業的孕婦需要更換工作種類？

A

懷孕婦女只要工作不累，就不必中斷工作在家休息，因為一味的在家靜養並沒有好處。但是，如果從事重體力勞動或容易感覺疲累的工作，最好更換不同性質的工作，或在產假前提前停止工作。

另外，在放射室或化學工廠工作的婦女，容易受到放射線或有毒物品的影響，為了顧及自己及胎兒的安全，懷孕後最好更換工作種類。此外，在流行痲疹的時期，於幼稚園或小學任教的孕婦，也最好暫調工作。

第四章 產後Q&A50問

Q1 爲什麼產後檢查很重要？

A

產後檢查的目的在於掌握婦女產後子宮陰道和子宮頸復原的狀況，預防分娩引起的疾病或併發症，確保母體的健康。產後檢查通常在產後六週開始進行，住院期間就要和醫師商議產後檢查的時間。

產後檢查的項目扼要說明如下。

①血液檢查

婦女從懷孕到生產，需要足夠的營養，這樣不僅有充足的乳汁哺餵嬰兒，同時也可以使身體迅速復原，尤其要特別攝取鐵質，藉此補充分娩時所消耗的血液。

②檢查子宮復原與陰道傷口癒合的情形

產後子宮會逐漸縮小，約六週後完全恢復。第十天後，子宮內腔的分泌物由淡黃色變成白色，無惡臭。生產時創裂的陰部容易受到細菌侵入，

要特別注意，通常一週後傷口即可癒合。

③檢查牙齒

懷孕時若身體異常，牙齒容易脫落，這表示產後母體受損極大，應該要積極補充鈣質。

④其他

檢查血壓、體重是否恢復產前的狀態，同時請醫師教授自我檢查乳房的方法。另外，要注意乳腺炎、產褥熱、腎盂炎等病症，早期發現早期治療。

Q2 如何預防產褥熱？

A

產褥熱是指產後病菌侵入生殖器所引起的疾病，醫學上稱為產褥感染，產褥期的產婦容易罹患這種病症。

產後產婦的子宮腔內胎盤附著的部位留下極大的創面，子宮頸、陰道和外陰部同樣遭受不同程度的損傷，病菌容易入侵。此外，懷孕期貧血、營養不良或產後出血過多者，會導致免疫力下降，提供病菌繁殖的機會。

致病細菌的來源，包括接生人員或接生器消毒不全、懷孕末期陰道發炎、產程過長而肛門或陰道檢查次數過多，以及產婦的衣服和被褥不清潔等。造成感染的細菌種類不同，毒性大小也不同。如果產婦的抵抗力強，就不會發生感染。

產褥感染開始時，通常創傷部位會先發炎，出現紅腫或熱痛的現象，很少有全身性的反應。若是子宮感染，則可能會引起子宮內膜炎或子宮肌炎。這時下腹疼痛，體溫高達三十八度，惡露增多且有臭味。發炎症狀蔓延到子宮旁的組織時會形成膿腫，蔓延到腹膜時則會引起腹膜炎。

另外，病菌侵入血液時，可能會引發菌血症或敗血症，出現全身中毒症狀，危及生命。

因此，懷孕時就要好好的照顧身體，避免罹患產褥熱。那麼，應該如何預防產褥熱呢？

首先，定期做產前檢查，攝取均衡的營養，注意併發症。其次，懷孕的最後一個月禁止性交和洗盆浴。再者，臨產時要充分休息，儲備體力，而且接生人員要經過嚴格的訓練，避免將病菌帶入產婦體內。最後要注意產後的衛生，保持外陰部清潔，同時積極補充營養，增強身體的抵抗力。

Q3 每胎產後惡露量不同是否有問題呢？

A 每胎產後的惡露量本來就不同，量少很正常，量太多反而是異常。惡露的量受到胎兒大小、懷孕前是否做過子宮刮搔手術等的影響。

Q4 產婦可以洗澡嗎？

A 當然可以。孕婦體內殘留大量的水分，產後皮膚排泄功能旺盛，尤其是睡眠中和起床後，更容易大量出汗。此外，產婦的乳房會分泌乳汁，陰

道會排出惡露。數種味道摻雜，全身發出難聞的臭味。

因此，產婦一定要勤洗頭和洗澡，但最好以淋浴為佳，產後六週即可洗盆浴。此外，每天梳理頭髮可以促進頭皮的血液循環，防止產後掉髮。

總之，產婦隨時保持全身的清潔，不僅有利於產後復原，同時可以預防產褥熱等。

Q5 產後腹痛是病嗎？

A

產後腹痛是子宮收縮引起的，疼痛程度因人而異，有的人甚至完全沒感覺。腹痛時，用手觸摸腹部，摸到較硬的球狀體，就表示是子宮正在收縮的部位。

一般而言，生育次數多、分娩過程短及產後子宮腔內殘留血塊或胎盤時，產後腹痛較嚴重。這是因為經產婦產後子宮經常痙攣性陣縮造成的。究其原因，應該是懷孕次數多而使子宮肌肉所含的彈性纖維平滑肌減少、彈性差的結締組織增多，導致子宮肌肉收縮力不正常所致。而分娩過程少於三小時的急產，子宮收縮過強，容易引起產後子宮收縮痛。

此外，哺乳時，嬰兒吸吮乳頭的刺激，會反射性的引起下垂體釋放催產素，使得子宮收縮頻繁，造成子宮收縮痛加劇。

通常產後三～五天疼痛就會消失，疼痛難忍時，可以服用止痛藥，或是用熱水袋熱敷下腹部。不過，若是下腹部持續產生劇痛，同時出現陰道出血、發熱、惡露顏色異常或發臭等現象，就可能是子宮發炎，必須立刻就醫檢查。切記不可自行濫服成藥，以免延誤治療時機。

Q6 引起產後發燒的原因爲何？

A 產婦在正常分娩下，體溫不應該會升高，不過，如果產程延長、疲勞過度或食量不夠，則產後二十四小時內體溫可能會略微升高，但不超過三十八℃。此外，雖然產後三、四天乳房會膨脹，但體溫也不會超過三十八℃，而且在一天內會自然恢復。

產後二十四小時體溫超過三十八℃時，要找出發熱原因並加以治療。原因包括產褥感染，這是分娩死亡的重要原因之一。症狀是發燒、下腹尤其子宮會明顯出現壓痛感，而且惡露多且帶有臭味，白細胞和中性細胞數上升。

另一個原因是上呼吸道感染。症狀是多汗，要小心感冒。此外，泌尿道感染、急性乳腺炎、扁桃腺炎、肺炎、肺結核、貧血等，都可能會引起發燒。

Q7 如何預防產後中暑？

A 這是因為婦女產後身體虛弱，對高溫、潮濕和空氣不流通的環境適應力降低，體溫調節中樞適應力也變差所致。不少產婦因為害怕「受風」，所以即使在盛夏也身著厚衣，緊閉門窗。由於室內不通風，身體受熱但熱又散發不出，導致產婦中暑。當體溫高達四十℃時，就是嚴重中暑。

嚴重中暑時，會出現昏迷、抽搐、呼吸急促、血壓不降、皮膚乾燥、無汗、面色蒼白等症狀，有時甚至會危及生命。即使僥倖存活，也可能因為中樞神經受損而留下嚴重的後遺症。

為避免夏天坐月子中暑，產婦居住環境要保持通風，但不要讓風直接對著產婦吹著。每天要用溫熱水擦洗全身，或藉著淋浴保持清潔，促進汗腺通暢，讓體熱散出。同時也要勤於洗頭，並用乾毛巾擦乾頭髮。衣著方面，宜穿寬鬆些的衣服以利通風。

另外，要多吃一些像綠豆湯、西瓜、番茄等水果和青菜的消暑飲食。為了增強適應外界環境的能力，需要擁有足夠的睡眠，減少體力消耗。

Q8 爲什麼初產婦容易罹患急性乳腺炎？

A 初產婦因為乳腺管的通暢度較差，再加上缺乏哺乳經驗而不願意讓嬰

兒將乳汁一次吸盡，結果引起乳汁鬱積，成為細菌孳生繁殖的好場所，導致急性乳腺炎發生。

初產婦第一次哺乳時，乳頭皮膚抵抗力較弱，容易因為嬰兒的吸吮而造成乳頭組織受損而引起乳頭裂，尤其是乳頭內陷或突起不良的產婦，由於嬰兒吸吮困難，更容易造成乳頭受損，哺乳疼痛，影響哺乳工作，使得乳汁更加的鬱積。

另外，產後身體上的變化，像精神緊張、情緒不穩、對於生活的不適應等，都會使人體生理調節失去平衡，影響乳汁的排出和分泌。

Q9 產後如何自我觀察惡露？

A 惡露是指產後經由陰道排出內含血液、壞死蛻膜組織以及黏液的分泌物。

惡露大致分為血性惡露，也就是所謂的紅惡露，以及漿性惡露、白惡

露這三種。

紅惡露量多、顏色鮮紅，含大量血液、小血塊、壞死的蛻膜組織。漿性惡露的顏色較淡，含血量較少，但有較多的子宮頸和陰道的排出液，帶有細菌。至於白惡露，則顏色較白，內含大量白細胞、蛻膜細胞、表皮細胞和細菌。

產後要每天觀察惡露的量、顏色和氣味。正常的惡露帶有血腥味但不臭，一般血性惡露持續三～七天後，會逐漸變成漿性惡露，二週左右顏色變白或淡黃，三週後變得乾淨。

不過，一旦子宮復原不良或子宮腔殘留胎盤、胎膜受到感染時，惡露量會增多，持續不斷並帶有臭味，這時就要藉由藥物加以治療。

Q10 產後無法排尿該怎麼辦？

A 通常，產後六～八小時內就能夠自然排尿，但產後出現尿瀦留的情況

卻是屢見不鮮。

原因大致如下。

①產程較長，膀胱受到胎兒頭部壓迫較久，膀胱黏膜水腫、充血，喪失收縮力，導致功能失調。

②產後膀胱肌肉張力降低，膀胱容量增大，對內部壓力的增加變得鈍感而沒有尿意，造成尿過度蓄積。

③產後會陰撕裂或出現傷口，腫痛嚴重，反射性的引起尿道括約肌痙攣，造成無法排尿。

另外，不習慣在床上排尿也是一大原因。產後尿量增多，若是無法排尿，膨脹的膀胱會妨礙子宮收縮，造成產後出血。

解決方法是坐起來排尿，或利用肌肉注射促進膀胱收縮。也可以在小腹放熱水袋，或利用針灸刺激關元、氣海、三陰交、陰陵泉等穴位，促進膀胱收縮。如果症狀仍然無法改善，就必須經由慎重的消毒，利用導尿管導尿。

Q11

產褥期婦女如何進行運動?

A

在產褥期適當的活動和鍛鍊，能夠增進食慾，改善睡眠，使鬆弛的腹肌、骨盆肌收縮，恢復緊張度和彈性，有助於排除惡露，促進子宮、陰道復原，防止產後便秘與排尿困難，有助於早日恢復體形。

一般而言，產後十二個小時就可以坐床活動，二十四小時後即可下床活動。

不過，難產或陰部縫合傷口者，要在產後二、三天才能下床。

產後一週，可以進行收縮陰道和肛門的運動，或做一些產後體操，例如抬頭、伸臂、抬腿、屈腿、四肢跪床抬臀等。接著做仰臥起坐等，有效的鍛鍊骨盆肌的力量，防止子宮下垂或移位。

產後二週，可以進行適當的室外運動，約八週後就可以進行正常的體育活動和家事。

Q12 如何預防產後出血？

A

正常的生產出血量不超過五百ＣＣ，如果血流如注，將會危及母體的生命。產後出血是因為子宮頸裂傷而引起的，尤其是產鉗使用不當而引起子宮頸裂傷時，有可能將直腸拉到陰道外，造成不可收拾的後果。

會引起出血的疾病，包括纖維蛋白原缺少症、血小板缺少症、紫斑症等。另外，產道血管硬化症和靜脈怒張症也會引起嚴重出血。而產後子宮收縮不良，也會引起出血。

換言之，產後出血不外乎以下三種情形。也就是子宮收縮不良、產道裂傷或血液、血管疾病。產後出血時，首先要找出原因，然後再進行適當處置。產後出血是刻不容緩的事，家屬要和醫生密切配合。

為了預防產後出血，在產前檢查發現貧血時就要立刻接受治療，補充維他命和鐵質。如果羊水過多、雙胞胎或產程過長時，就要做輸血準備。

Q13 剖腹產後要隔多久才能再度懷孕？

A

關於這個問題，目前眾說紛紜，尚無定論。不過，大多數醫師都認為休養半年較為理想。如果急於想要再度懷孕，那麼，休息三個月也可以。因為子宮只要花一個半月的時間就能夠完全復原，而一般的縫合線在三個月內也會自然的吸收。

Q14 產婦如何面對脹奶？

A

有的產婦在孩子出生二、三天後，乳房異常膨脹，乳汁吸不出來，即使不去觸碰，也會疼痛難耐，甚至兩側腋窩可以摸到硬塊。

遇到這種情況時，不可急於擠壓乳房，可用托帶將乳房往上托起，並用冷毛巾或熱毛巾濕敷乳房。

真的痛到無法忍受時，可利用催產素針劑進行肌肉注射，藉此減輕乳房的腫脹、充血，促進乳汁排出。

Q15 產後如何避孕？

A

避孕的重要性成為眾人共識。目前較常見的避孕法是子宮內裝置ＩＵＤ法、口服避孕藥及戴保險套等方法。這些方法有效、費用低、無害、簡單、容易使用且容易得到，為醫師們所推薦。

①子宮內裝置（ＩＵＤ）

這是在子宮內安裝由德國醫生 Grafenburg 所推薦的子宮環的方法，後來改用樂普、銅七和銅T等商品。

其原理主要是引起子宮持續性收縮，抑制受精卵著床以達到避孕目的，而並不是阻礙精子和卵子的會合。有效期間約為三～五年。避孕效果達九十五～九十七。

使用前要確認是否懷孕，最好是等月經乾淨後立刻放入，但得由醫師進行才能安心。使用這類裝置時，可能會出現點狀出血、經血增加、腰部酸痛、腹部輕微疼痛，以及陰道分泌物增加等，不過，這些都只是短暫現象。

②口服避孕藥

其原理是以類似女性荷爾蒙的成分抑制排卵。目前的避孕藥只要按照規定服用，效果幾乎達百分之百。甚至有研究報告指出，不僅無副作用，而且能夠降低子宮和卵巢癌的發生，並因為使用這種藥而使月經量減少，進而改善貧血。同時，因為沒有正式月經產生，所以，也可以解決經痛的問題。不過，肝病、高血壓、心臟病、癌症、靜脈炎、糖尿病患者不宜使用。

使用期間可能會出現類似懷孕初期的噁心、嘔吐、頭暈、頭痛等現象。同時，也可能會出現點狀出血或月經量減少的情形。每半年由醫師檢查一次，以確定是否可以繼續服用。

③戴保險套

其原理是防止精子進入女性陰道內。可以預防性傳染病、愛滋病。正確使用，效果可達百分之九十三。

除此之外，也可以利用計算安全期、男性結紮、女性結紮來避孕。其中，計算安全期的方法其避孕效果只有百分之五十，失敗率很高。原理是阻止精子和卵子結合。必須是月經規則的女性才能使用，可與保險套配合使用。關於男性結紮，是以外科手術將輸精管結紮並切斷，使精子不能夠通過輸精管。而女性結紮即以外科手術將輸卵管結紮並切斷，使卵子和精子無法結合。不論男女結紮，都可永久避孕，避孕效果將近百分之百，而且不會影響性生活。

Q16 產後如何預防乳房下垂或縮小？

A 女性們都很在乎自己乳房的大小。懷孕期間，因女性激素、胎盤激素及催乳激素大量增加，使得乳房細胞增生、肥大。

但是，產後或停止哺乳後，乳房細胞不再受到女性激素的刺激而逐漸萎縮，甚至比懷孕前更小。這時，有的人會嘗試使用市售標榜具有通乳作用的商品。

這些商品因為含有雌激素這種女性激素，所以，乳房會變大一些。不過，女性激素不能胡亂服用，因為有致癌的危險性。

目前，較多人尋求隆乳一途，但因其填充物為矽膠類，所以，也有致癌之虞。較穩當的方法，就是做健胸運動，既可強化乳房下部肌肉，也可以促進乳房本身血液循環順暢，恢復彈性。不過，效果因人而異，需要持之以恆。

Q17 何時不宜哺乳？

A 母親親自哺乳，對母體和胎兒都有利。但出現下列情況時，母親宜暫

停餵奶。

①母親感冒發燒時不宜哺乳。母親發燒會使乳汁濃縮，導致胎兒消化不良。

②母親患有活動性肺結核、肝炎等傳染病時不宜哺乳。因為哺乳非但對母體疾病的復原不利，也可能會將疾病傳染給孩子，影響孩子的健康。

③母親罹患嚴重的心臟病、腎臟病、精神病、惡性腫瘤時不宜哺乳。哺乳一方面會加重母體的負擔，使病情惡化，同時由於母親長期服藥治病，藥物會通過乳汁進入嬰兒體內，影響其健康。而患有嚴重精神病的母親，可能會傷害嬰兒。

④母親服藥期間不宜哺乳。藥物會通過母親的乳汁進入嬰兒體內，發生藥理作用與毒性作用。

當然，並不是所有的藥物都會影響嬰兒，因為有的藥物並不是從乳汁中排出。但無論如何，母親生病時，一定要就醫，向醫師說明情況，以便醫師慎選藥物。

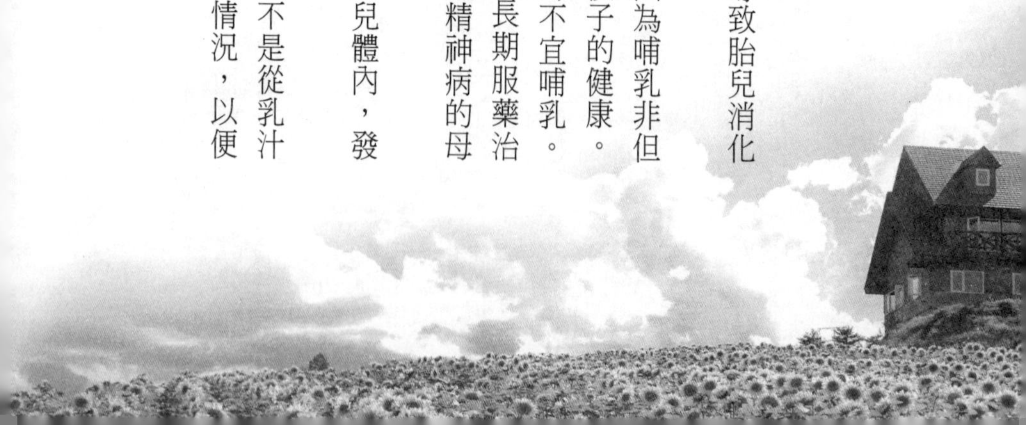

Q18 如何預防產婦骨盆痛？

A

分娩時可能會引起產道損傷，給產婦帶來痛苦。有時也會發生骨盆損傷，引起骨盆痛。

骨盆痛的原因，包括尾骨骨折、恥骨聯合分離和恥骨軟骨炎。產婦的尾骨和其他骨骼一樣缺鈣，比較疏鬆，所以，容易發生骨折。而產婦在分娩時，恥骨聯合上下的韌帶鬆弛，兩者輕度分離，使胎兒順利出生，然後逐漸恢復正常。但是，如果恥骨聯合分離過度，就難以復原，引起恥骨聯合部持續疼痛。

恥骨軟骨炎則發生在懷孕後期或產後。懷孕後期胎兒增大，子宮壓迫恥骨聯合部，而分娩困難或產程較長時，恥骨聯合受損，影響局部血液循環，發生無菌性炎症。雖然陰阜不紅不腫，但卻感覺疼痛。

一般而言，這類骨盆損傷多半不會很嚴重，罹患率較低，不必過於神

經質。只要平時多鍛鍊身體，懷孕期間多吃一些富含鈣質的食品，定期做產前檢查，接受醫師的指導，就能夠降低罹患率。

A Q19 為什麼產後婦女容易衰老？

人體內含有鐵、鋅、銅、鉬、硒等數十種微量元素，對人體健康具有重要意義。唯有這些微量元素保持正常比例，人才能夠維持正常的生理活動。

在孕期或產期，人們習慣只補充蛋白質、維他命，卻往往忽略補給微量元素，導致微量元素的正常比例失調，這正是婦女產後容易衰老的原因。所以，孕期和產後要求取營養的均衡，並注意補充一些微量元素含量豐富的食品。

當然，孕期妊娠反應過強或持續時間過長，以及孕期出現嚴重的併發症，或難產、手術產、產後出血、坐月子的調養欠佳等，都是引起衰老的

原因。

Q20 坐月子期間可以看書或編織嗎？

A 坐月子期間主要是休息和適當活動。懷胎十月的辛苦，加上產後哺乳的勞累，需要藉著休息、活動及增加營養來強化身體。因此，不宜在這段期間閱讀或編織。

一旦長時間閱讀或編織，容易使眼睛疲勞，日後會出現看書眼痛的毛病。尤其長時間採取同樣姿勢進行閱讀或編織，會影響眼睛的健康，要注意。

Q21 如何處理產後併發症的問題？

A 產後併發症多半以水腫、尿瀦留（無尿）、便秘、憂鬱症為主。

產後水腫與尿瀦留，是由於膀胱括約肌與膀胱壁的伸縮蠕動功能突然產生麻痺，無法排尿而引起水腫的情形。可藉著中藥的補中益氣湯、當歸補血湯、歸耆建中湯加以改善。

產後便秘的發生率極高。多半是因為懷孕期間過度攝取肉類食物，產後又甚少攝取蔬菜、水果，造成大便乾結而形成便秘。中醫將其分為熱性便秘與血枯便秘。前者可利用大黃、芒硝等藥物，後者可藉著當歸、何首烏、生地、熟地等來治療。

另外，油脂含量較多的桃仁、杏仁等也具潤腸通便之效。

至於產後憂鬱症，這已經成為現代婦女常見的一種產後症狀，多半發生在初產婦女或求「子」心切的婦女身上。這類患者可多吃一些甘甜的食物，例如紅棗、黑棗、龍眼乾、黑糖、葡萄乾等。

Q22 如何處理高齡產婦的產後問題？

A

產婦分娩會使元氣大傷，身體虛弱，所以，有產後一個月坐月子的習慣，藉此調理身體，恢復體力，改善體質。尤其高齡產婦更要注意產後的調理。原因就是復原問題。高齡產婦產後身體機能的復原比年輕產婦慢。此外，高齡產婦的鈣質流失也較一般年輕產婦來得多。

產後的調理，要藉著充分休息與攝取均衡的營養來恢復體力。可以在產後一～二週內服用生化湯幫助排除惡露，之後再依個人體質選擇適合的中藥進行調理。

Q23 乳汁不足的原因爲何？

A

乳汁不足的原因有很多，要依不同情況來進行適當的治療。

①產婦精神因素引起乳汁不足。由於分娩和關心孩子而造成產婦精神緊張，引起乳汁不暢。這時，要給予產婦授乳的信心。嬰兒出生後，要讓產婦擁有足夠的睡眠，保持心情舒暢，避免情緒焦躁或不安。同時要及時

讓嬰兒吸吮乳頭，給予乳頭正常的刺激。

②授乳方法不當引起缺乳。要指導母親幫助孩子正確吸奶。授乳時，讓嬰兒的嘴巴緊緊含住乳頭，每次授乳應吸空一側乳房中的乳汁，兩側乳房交替哺乳。

③血虛氣弱而引起乳汁不足、清淡或無奶。產婦會有氣短、心悸、臉色沒有光澤、脈弱等現象。可利用中藥加以治療。

④肝鬱氣滯而引起乳汁不暢。乳房脹硬而疼痛，胸肋脹滿，食慾減退，身熱，舌苔泛黃。可求助於中醫。

當然，排乳量的多少，和個人體質、乳腺是否暢通、營養、睡眠、休息、情緒、哺乳是否定時等有密切關係。所以，要先查清楚原因後，再謀求適當的對策。

Q24 產後性生活要注意哪些事情？

A

專家們認為，在一般的情況下，產後第六～八週恢復性生活，對於產婦健康而言是較為理想的。即使有些人分娩順利，子宮復原較快，體質也好，但性生活也不可恢復得過早。最好在四週內要絕對避免。

分娩時，撐大了的陰道壁黏膜變得很薄，子宮內部有裂傷，要三～四週才能夠完全癒合。而且，分娩時開放的子宮口，在短期內也不可能完全閉合，如果在產後四週內性交，則不僅陰道壁黏膜容易受傷，病菌也會趁機而入，造成子宮內感染，引起產褥熱等重疾。

尤其有少數人在產後二週內，也就是惡露未排淨的情況下就過著性生活，其結果很容易引起產褥熱，會造成危險。

在剛恢復性生活時，丈夫的動作要溫柔些，節奏也要放慢一些。如果丈夫只顧滿足自己而忽略妻子的感受，妻子就會感到不適，甚至導致性冷感。

在自然產的情況下，會陰及陰道需要剪開並重新縫合，如有額外裂傷，則縫合的面積會更大，有時會產生疤痕肉芽組織腫，造成性交痛。通常這種疼痛不是來自子宮，可以請醫師診治。如果是因為疤痕的關係，藉由手術整修就可以解決。

當然，產後避孕是很重要的。產後月經不準，不可掉以輕心。

A Q25

坐月子期間能夠完全臥床休息嗎？

人的生命在於運動，人的健康也來自運動，如果一個月完全臥床休息，可能一個月後產婦就不能起床走路了。

產後第一天，因為體力耗盡，十分疲勞，所以，在二十四小時內要充分睡眠或休息。正常產婦，也就是沒有手術助產、出血過多、陰道撕裂、惡露不盡、身痛、腹痛等情況，那麼二十四小時後就可以起床稍微活動，這樣有助於加速血液循環，組織代謝，促進身體復原，同時也能夠增進食慾，促進腸管蠕動，使排泄順暢。

產後第一～三天可以做抬頭、伸臂屈腿等動作。一週後可在床上做仰

臥位的腹肌運動以及俯臥位的腰肌運動，半個月後可做掃地、煮飯等簡單家事和一般體操，藉此能使肌肉收縮，減少腰部、腹部、臀部等處脂肪的蓄積，避免產後肥胖。

在早期適度的運動，能夠增強消化功能，幫助惡露排出，避免褥瘡、汗斑、便秘的發生，同時也能夠預防子宮後傾。由此看來，完全臥床一個月是有害無益的。

Q26 母親餵奶時要注意哪些事情？

A

大致上有以下幾個重點。

①哺乳要注重衛生。哺乳前，母親要用溫水洗淨手和乳頭，去除最初少量的奶汁。餵完後要把乳頭擦乾淨，以免造成母乳感染。如果母親生病，就要暫停哺乳。

②哺乳前要先為嬰兒換好尿布。餵奶後馬上換尿布，容易引起溢乳。

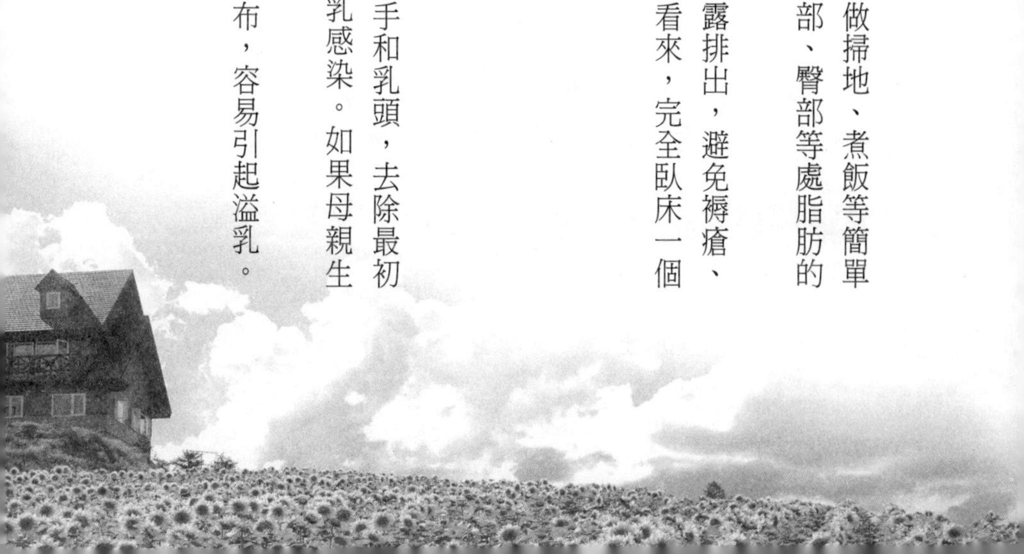

③餵奶前不要給嬰兒飲水。這樣可防止嬰兒吸奶量減少。

④初乳不可捨棄。有人認為初乳是黃奶或陳奶而擠掉，事實上，雖然初乳量少色黃較稀薄，但脂肪含量少、蛋白質含量多。出生一週後的嬰兒，消化力弱，需要熱量較少，這時母乳的品質正好符合孩子的需要。而且，初乳中還含有多種抗體，能預防新生兒生病。

⑤吸空一側奶的乳汁。哺乳時，要吸空一側乳房的乳汁後再換另一側。乳汁開始分泌時，礦物質含量較高，中段分泌時是碳水化合物和蛋白質含量較高，最後分泌時則是脂肪含量較高。因此，為了攝取均衡的營養素，就要吸空一側的乳汁後再換另一側。如果一側未能吸空，也要用吸奶器將殘奶吸出，以便讓乳房再次充盈。同時，可避免因為乳汁淤積而發生乳腺炎。

⑥餵奶姿勢要正確。最好坐著餵。一隻胳膊抱著孩子，用另一隻手的食指和中指夾住奶頭，這樣就能避免乳房堵住孩子的鼻孔，而且奶水也不會過度溢出而嗆到孩子。此外，乳頭和乳暈都要塞進孩子的口中，讓孩子

的牙齦擠壓乳暈旁的乳竇，就能使乳汁分泌順暢。

⑦排出空氣防止溢乳。餵奶結束後，將嬰兒抱起來，伏在母親的肩上輕拍其後背，讓孩子嚥下的空氣排出，這樣就能夠防止溢乳。之後，再將孩子輕輕的放在床上。因為嬰兒的胃彎度較小，為了避免溢乳，最好採左側臥位的睡姿。

Q27 產後爲何會罹患「雙側髂股靜脈栓塞性靜脈炎」？

A

婦女懷孕後，子宮和胎盤血液循環中的抗凝血功能減退，所以，懷孕期的血液是高凝狀態。這種變化是為了適應產後快速的止血。

另外，懷孕末期增大的子宮壓迫下腔靜脈，使血液容易瘀積在下肢，因而埋下高凝的隱憂。再加上懷孕時盆腔血管都是處於擴張狀態，產後一時來不及縮小，盆腔血液流動緩慢。因此，如果產後長期不起床活動，就容易形成血栓堵塞血管，影響下肢的靜脈血回流，導致下肢疼痛，並因靜

脈發炎而出現發燒。由於血栓發生的部位在髂股靜脈，所以，叫做髂股靜脈栓塞性靜脈炎。一旦血栓脫落，就會隨著血流循環全身，併發肺栓塞或腦栓塞，十分的危險。

Q28 產後乳暈的顏色如何淡化？

A

婦女懷孕後，乳暈慢慢擴大，然後變黑，這是正常現象。但是，有的婦女產後數個月乳暈範圍沒有變小，顏色也沒有變淡，因而塗抹乳暈霜。

乳暈霜中含有一些美白成分，使用後，多少會出現一些效果，副作用並不明顯。然後效果是否顯著，仍值得商榷。如果能夠避免物理性刺激及適當的乳房護理，那麼，隨著產後時間的拉長，自然就會淡化。只是想要恢復到懷孕前的狀態，似乎不太可能。

產後停止哺乳後，乳暈會隨著乳房總體積的縮小而變小。如果仍覺得太大，可以藉著外科環狀縮減手術來改善。若嫌乳暈顏色太深，也可以借助鐳射來破壞色素細胞層。另外，也有人嘗試「果酸換膚」的效果。

Q29 開刀多次會造成產後腰痛嗎？

A 產婦腰痛的原因有很多，例如，椎間盤突出、背部肌腱拉傷、懷孕時子宮太重造成背肌負荷過重、睡姿不良壓迫神經等。不只是剖腹產的人，即使是自然生產的婦女，也有不少人產後出現腰痛、背痛。當然，適當的復健和熱敷有效。

Q30 分娩時需要切開會陰的情況有哪些？

A 分娩之際，孕婦借助強而有力的子宮肌腹壁，盆底部肌肉的收縮力量，將胎兒從產道中娩出。胎兒在娩出的過程中，需要通過堅硬彎曲的骨盆產道和厚實富於韌性的軟組織產道。因此，如果胎兒的頭在產道內受擠

壓的時間過長，就會造成不良後果，也就是在出生時會發生窒息和顱內出血。

另外，當生產力過強而使胎兒勉強從陰道娩出時，可能會造成母體會陰部嚴重的撕裂傷。陰道口將會失去張力，甚至連肛門也受損、撕裂，日後產婦喪失自我控制排便的功能。

除此之外，利用各種陰道手術協助胎兒娩出，也會損傷陰部組織。在各種情況下，為確保母體與嬰兒的安全，醫師會切開會陰的一部分，以便擴大產道。這就是所謂的會陰側切或正中切開術。產後能夠迅速癒合，對孕婦沒有大礙。

通常，在分娩時需要進行會陰切開術的情況如下。

①胎兒過大。

②早產兒、胎兒宮內窒息。

③會陰發育不良、會陰體過長或會陰組織彈性不佳。

④產婦患有妊娠高血壓、心臟病等全身性併發症。

⑤臍帶脫垂、子宮口已經全開而急需娩出胎兒時。

Q31 母乳哺嬰眞的好處多多嗎？

A

母親哺乳不但對嬰兒有利，對自己也有許多好處。母親哺乳能夠促進產後子宮收縮，使子宮及早復原，同時可以減少乳癌的發生。這是根據統計資料得知的事實。

母乳中含有嬰兒發育成長中不可或缺的營養成分高乳糖、低蛋白、低磷酸鹽，有助於乳酸桿菌的生長，使嬰兒腸管內形成一個酸性環境，杜絕必須在弱鹼性環境中生長的多數細菌，遠離疾病。

母乳中含有乳鐵蛋白，可抑制大腸桿菌和白色念珠菌的生長，避免新生兒罹患流行性腹瀉和鵝口瘡。

此外，母乳中還含有許多抗體和其他抗感染因子，能大大的提升嬰兒的抗病力，創造身體結實的健康寶寶。

母乳既經濟又方便，且溫度適宜，新鮮、不易被細菌污染，是嬰兒的最佳食品，連世界衛生組織也極力提倡母乳餵哺。

Q32 產婦乳汁不足與胸罩有關嗎？

A

根據研究報告指出，產後缺奶的婦女中，百分之八十的人有異物進入乳房的乳腺管內。

分析這些人的乳汁，發現乳汁中混有一種蟲狀微粒。經由進一步的分析，發現原來是極細的羊毛、化纖和棉織品的纖維。

為防止乳腺管被堵塞導致缺奶，因此，年輕的母親們不要將化纖織物或羊毛內衣直接貼在皮膚上或穿在胸罩上。要選擇柔軟透氣的純棉胸罩，內側最好墊數層紗布以便於吸塵。當然，也要勤於換洗胸罩，不要和其他衣服混洗。

A Q33

產婦要多吃哪些食物？

產後為了恢復身體以及哺乳，需要攝取均衡的營養。以下幾種食物是坐月子婦女適合攝取的。

①**母雞燉湯**　一般產婦在坐月子時，家人都會準備這道食物。雞湯味道鮮美，能夠增進食慾，促進乳汁分泌，但雞肉營養較高，所以要連雞肉一起吃。

②**豬蹄燉湯**　豬蹄有助於乳汁的分泌順暢，豬蹄加黃豆燉湯尤佳。

③**麵線**　這也是坐月子的產婦經常吃的食物。容易消化，便於貯存、食用方便。加雞蛋一起吃更好。

④**紅糖**　含有豐富的鐵，適合產婦食用。

⑤**煮雞蛋**　雞蛋中含有豐富的蛋白質，有助於產婦恢復健康，促進乳汁分泌。但一天以四～五個為限。

另外，燉排骨湯、燉牛肉湯、燉魚湯、燉瘦肉湯等，也具有和燉雞湯一樣的效果。

A Q34 如何預防產後外陰發炎？

外陰部常因局部皮膚損傷和產後調養不宜，引起細菌感染而發炎。急性外陰發炎時，可能會引起發燒、腹股溝淋巴結腫大、壓痛等。即使發作程度輕微，但置之不理，可能會轉為慢性，造成局部皮膚粗糙，外陰搔癢，影響工作或生活。

主要的預防方法如下。

①產後保持外陰皮膚清潔，排便後最好用水沖洗外陰部。

③惡露未盡時，應勤於更換衛生棉墊、內褲。若局部有創傷、擦傷，可用金黴素塗抹。

③外陰出現紅、腫、熱、痛時，可以熱敷患部或使用抗生素。

④罹患外陰炎時，不宜吃辛辣等刺激性食物，宜吃清淡的食物。

A Q35

坐月子期間該不該刷牙呢？

很多人認為坐月子期間刷牙會引起牙痛病。這種說法恰恰與醫學道理背道而馳。常人每天至少要刷牙二次，否則容易長蛀牙，罹患牙周炎等口腔疾病，造成牙痛。

婦女在懷孕後，因為內分泌的變化或維他命C的攝取不足，容易出現牙齦充血、出血等毛病，尤其牙齒的堅固性變差。如果再不注意口腔的衛生，就會讓大量細菌在口腔內繁殖。

在大量細菌的作用下，口內留下食物殘渣中的碳水化合物容易發酵，產生酸，導致牙齒脫鈣，形成蛀牙。

因此，懷孕期或產褥期都要特別注意口腔衛生。每天早晚及飯後都要刷牙，而且刷完牙後就不要再吃甜食。

Q36 如何人工餵養嬰兒？

A

母親因為生病或其他原因不能哺乳，或母乳不足而需要混合餵養時，牛奶、羊奶是最好的代用品。

牛奶中雖然含有豐富的蛋白質，但容易被嬰兒吸收的乳白蛋白含量較少，而嬰兒較不容易吸收的酪蛋白含量較多。同時，牛奶中糖的含量也不夠，不能提供嬰兒充足的熱量。因此，在餵牛奶時，要加入適量的糖，稍加稀釋。在二次餵奶之間補充一次水分。

通常嬰兒每天每公斤體重要給予一百～一百二十毫升的純牛奶。奶粉是由鮮牛奶濃縮製成的乾粉末，只要加水沖泡即可食用，加水比例為一：四，亦即一份奶粉加四份水。

全脂奶粉顆粒小，其中所含的蛋白質易被嬰兒吸收。沖泡時，先用少量的冷開水將奶粉調成乳液狀，然後再按比例加熱水調勻。

A Q37

每天要餵嬰兒喝多少水？

水的重要度僅次於空氣，是人體不可或缺的物質。新生嬰兒體內的水分約佔體重的百分之八十。水在人體內能夠幫助調節體溫，促進各系統的新陳代謝。嬰兒的新陳代謝旺盛，熱量需要較多，腎臟濃縮功能又差，因此，需要的水分比成人來得多。

嬰兒每天每公斤體重需要三十毫升的水，如果再加上奶，則每天每公斤體重為一百～一百五十毫升。嬰兒一天的總水量如果每公斤體重少於六十毫升，就會引起脫水現象。因此，在二次餵奶之間要補充一次水。藉此既可滿足嬰兒生理代謝的需要，同時又可以清潔口腔，避免引起口腔疾病。天氣炎熱時，餵水量要增加一些，但要適可而止，否則會造成心臟和腎臟的負擔。

Q38 如何預防新生兒的鵝口瘡？

A

這是嬰兒常見的口腔感染。是通過產道感染，或餵奶時母親的手、乳頭或食具不潔所引起的。

主要症狀是口腔的兩頰黏膜、舌面、口唇黏膜等處分散著如雪片般或融成一片的白膜，因此，又有「雪口」之稱。由於口腔黏膜等處受損，所以，會直接影響到小兒吃奶。

罹患鵝口瘡時，不可擅自使用抗生素治療。這是一種黴菌感染，使用抗生素有時非但不能殺死黴菌，反而會使病情加重。

Q39 如何得到質好量多的母乳？

A

要得到優質、量多的母乳，一定要攝取營養均衡的飲食，亦即魚、肉、蔬果都不偏廢。

只吃精米、白麵，那麼，乳汁中會缺少維他命B，甚至連嬰兒也會罹患維他命B缺乏症。母親蔬果吃得少，當然乳汁中維他命C的含量也就少。因此，不要偏食，才能多方面攝取營養。

另外，沒有得到充分的休息或過度疲勞，也會使乳汁的分泌量減少。而情緒不穩，例如，過度緊張、憂慮、悲傷、憤怒及惶恐等，也會影響催乳激素的分泌，導致乳汁減少。

除了因為生病或乳腺發育不良之外，通常母親只要加強營養，求取營養的均衡，去除影響乳汁分泌不良的因素，就能夠得到質好量多的母乳。

A Q40 為什麼剛出生嬰兒都很醜？

母親經過千辛萬苦而安全的生下孩子後，如卸下心中的一塊大石頭似的，心情輕鬆了不少。不過，當第一眼看到孩子那麼醜時，內心卻又充滿著一絲的不安。

為什麼孩子的皮膚泛紅、雙手泛紫，腦袋看起來有點兒變形，全身都是皺紋，比例似乎也不對呢？

其實，新生兒皮膚泛紅是因為皮膚細嫩之故。

而頭顱不勻稱，甚至呈圓錐形，則是因為分娩時其頭部受到強大壓力和骨盆擠壓所致。這種現象數日內就會消失，頭顱變圓。至於全身的絨毛，在七個月內會全部消失。

新生兒的頭很大，前額寬、眼大、嘴大、鼻子短而扁平、耳朵大、脖子短，軀幹比四肢長，手臂比腿長，外表上看起來很醜，但數週後就會變漂亮了。

不過，有些醜像不可掉以輕心。例如罹患腦積水的嬰兒，頭顱增大，前囟大而飽滿，眼球向下轉，頭部靜脈怒張。至於先天愚型兒，則具有頭小而圓、眼裂向外上斜、兩眼距離寬、鼻梁塌等特徵。

Q41 產後何時可裝避孕器？

A 產後要注意產褥熱、惡露是否過多、會陰部的清潔衛生與傷口是否發炎等問題。通常在產後半個月就要開始做好避孕工作。可以先利用避孕藥或保險套避孕。

至於安裝避孕器，則以產後六週為宜。因為這時子宮大致復原，恢復正常大小，不容易因為避孕器脫落而引起發炎。

Q42 產後多久就能夠恢復正常運動？

A 很多產婦為了想要早點恢復苗條的身材，因此，急於要搖呼拉圈、踩腳踏車或進行地板運動等。通常，在自然產的情況下，只要會陰部的傷口癒合，亦即大約產後二週左右，就可以開始恢復正常運動。

不過，像跳繩或有氧舞蹈等較劇烈的運動，最好還是等產後六週再進行，以免因為子宮下垂而出現腰酸背痛、頻尿或漏尿的情形。

Q43 坐月子時要緊閉關窗嗎？

A

坐月子時緊閉門窗，對產婦和嬰兒都不好。產婦分娩後身體虛弱，需要新鮮的空氣來改善身體狀況。而嬰兒出生後，需要藉由充分的營養和良好的環境，亦即要在空氣新鮮、通風良好、清潔衛生的環境中生存，才能夠健康的成長，否則容易因為感冒而誘發肺炎等疾病。

產婦和嬰兒都處於身體虛弱的時期，如果緊閉門窗，很容易造成室內潮濕，細菌孳生，危害人體健康。

陽光對產婦和嬰兒而言都是很重要的。身體接受陽光的照射，才能夠健康的成長。坐月子期間，如果室內過度封閉，那麼，以後到戶外時就會形成環境變化過大，因為不適應而產生疾病，影響身體健康。

Q44 給嬰兒吸奶嘴不好嗎？

A

讓嬰兒含假奶頭，嬰兒非但吸不著奶水，還吸進了不少空氣。其結果會影響消化液的正常分泌，引起消化不良，抑制胃腸的正常吸收功能。一旦空氣進入胃腸，就會引起腹脹、腹痛。因此，利用奶嘴讓嬰兒不哭鬧的做法，對孩子是不利的。

長期吸奶嘴，還會影響孩子頷面的正常發育，造成齒列不整，不但有損外觀，也會影響咀嚼能力。

Q45 何謂新生兒肝炎？

A

新生兒肝炎最明顯的症狀就是黃疸。嬰兒的眼睛、皮膚泛黃，同時也出現拒乳、嘔吐、消化不良、腹瀉、排出茶色尿或如陶土般的白色便以及情緒異常等症狀。一旦檢查出肝大、肝功能不正常時，就可以診斷是新生兒肝炎。

引起新生兒肝炎的原因，可分為原發性和繼發性兩種。前者主要是肝炎病毒引起的肝炎，例如，A型肝炎、B型肝炎、非A非B型肝炎等。繼發性肝炎則可能出現於各種細菌感染（例如肺炎）或敗血病的病程中，只要找出原因疾病，就能夠加以治療。

病毒性肝炎對孩子的危害較大。發病途徑可能是母親自己患有肝炎或是肝炎病毒帶原者，病毒可經由產道分娩傳給嬰兒。另外，也可以透過親吻、污染的餐具、衣物等經新生兒口腔傳染。此外，也會經由打針、皮膚傷口、輸血等直接透過血液傳染。嬰兒一旦罹患病毒性肝炎，就要加以隔離。通常經過一年時間的治療多半能夠痊癒。

為避免嬰兒罹患傳染性肝炎，則罹患病毒性肝炎的母親，應該避免懷孕。即使不慎懷孕，也最好在早期施行人工流產。

另外，母親和新生兒都要注射B肝疫苗，防止傳染。當然，不要讓嬰兒接觸肝炎患者，同時也要仔細的消毒餐具。

A Q46 如何護理嬰兒的臍部？

臍帶是母親供給胎兒營養和胎兒排泄廢物的途徑。嬰兒一出生，醫護人員就馬上切斷臍帶進行結紮。當臍帶與母體分離時，才是新生兒真正誕生的時刻。

經過數小時後，留下的臍帶一端變成棕色，並逐漸乾枯而變細、變黑。其殘留的一端約在一週後脫落。臍帶最初脫落時，創面泛紅而略帶潮濕，可以撒些消毒滑石粉使其乾燥。

如果臍帶脫落一、二天後仍不乾燥，似乎還殘存著少數的膿性分泌物，且周圍皮膚略微紅腫，細加觀察，發現臍窩內有暗紅色的粒狀突起時，則為肉芽腫，必須就醫。

Q47 溢奶時該怎麼辦？

A

人的胃就好像是兩端用鬆緊帶紮緊的口袋一般，進口的一側叫賁門，出口的一側叫幽門。

新生兒的賁門肌肉發育不完善，關閉不佳，而幽門較緊，再加上新生兒的胃是橫躺著，所以，一旦餵奶量過多並吸進空氣，或晃動孩子的身體等，都會使才進入胃內的乳汁從把關較鬆的賁門逆行而上，造成溢奶。

如果嬰兒每次吃奶後平躺時都會溢奶，則有可能是賁門鬆弛。可試著在餵奶前將嬰兒的上身抬高，臉向右側斜躺。餵奶後保持這種體位一段時間，如果是賁門鬆弛或先天性的胃扭轉，溢奶現象就會好轉。如果連續數天都沒有改善，就要去醫院接受檢查。

一般而言，溢奶不會影響嬰兒的食慾與健康。母親只要在餵奶後抱起小孩，輕拍其背部，待其呃出胃內的空氣後，就能夠減少溢奶的發生。

如果突然大量嘔吐，或嘔吐伴隨有發燒、腹瀉等情形出現時，就是生病了，要及時就醫。

Q48

A 如何消毒、使用奶瓶、奶頭？

剛買回來的奶瓶、奶頭一定要仔細的消毒。可先將奶瓶放在冷水中浸泡，然後再煮沸十五分鐘，接著再將奶頭放入開水中煮三分鐘。用筷子將消毒好的奶瓶、奶頭取出，放在有蓋的容器內備用。奶瓶、奶頭宜準備二、三個。直立式的玻璃奶瓶容易洗刷，消毒方便。

奶頭的孔眼大小要適中，太大時，奶水流出太急、太快，容易嗆到孩子。太小時，吸吮費力，孩子吃不到幾口就累得不肯再吃了。

每次餵奶後，要立即取下奶頭洗淨。使用時，要用開水再沖洗一次。每天都要進行消毒，否則細菌容易在未洗淨的奶瓶和奶頭上繁殖而引發疾病。

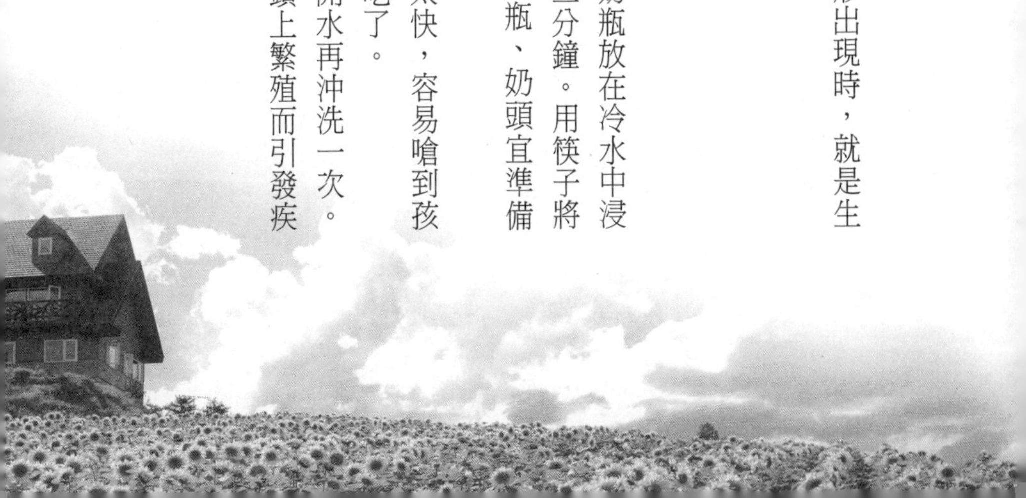

Q49 新生兒腹瀉很危險嗎？

A

輕度的腹瀉，大便為綠色，帶有少許的黏液，有酸臭味，呈薄糊狀，每天大便在十次以下。如果排便次數增多，症狀就會加重，出現明顯的脫水症狀，體重驟減，尿變少。要及時就醫，否則會出現酸中毒等嚴重症狀。

腹瀉對成人而言並不是什麼大病，但是，對於水分佔體重百分之八十的新生兒來說，腹瀉不可等閒視之。

一般而言，母乳餵哺的嬰兒較不容易腹瀉，因為母乳的營養成分比例恰當且含有許多種抗體。而人工餵養的嬰兒，常因為牛奶放置時間過長、餐具消毒不夠而造成消化感染，引起腹瀉。

此外，氣候驟變、牛奶或奶粉調配不當，也會使得新生兒消化管的功能紊亂而發生腹瀉。

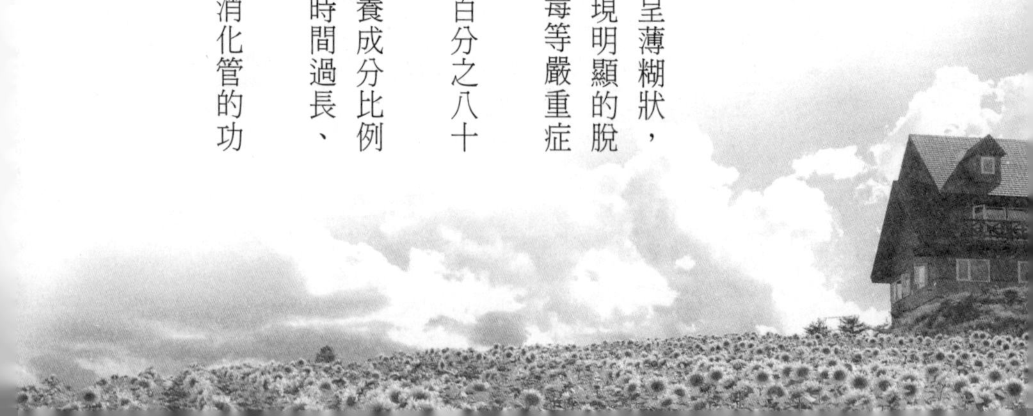

Q50 嬰兒紅屁股的因素有哪些？

A

醫學上稱為紅臀，主要原因是尿布所引起的尿布疹，以及霉菌所引起的紅臀。

尿布疹的產生，主要是因為母親沒有及時更換尿布，排泄物刺激皮膚，或有色尿布上的染料刺激皮膚，還有洗滌尿布時，沒有用肥皂漂洗乾淨，或尿布質地太硬而刺激皮膚，以及尿布外覆蓋的塑膠布阻礙汗和尿的蒸發，導致局部溫度和濕度增高。若不及時處置，會引起丘疹和水，甚至發生糜爛。

霉菌性紅臀則往往是繼尿布疹之後而發生。此時局部溫度、濕度較高，有利於霉菌繁殖、生長。感染的霉菌多半是白色念珠菌，範圍會擴及到尿布外，患部周圍分散著如紅豆般大小的紅色丘疹，其上還附有圈狀脫屑。經由醫師確認後，會使用制霉菌素加以治療。

第五章　預防產後肥胖

拒絕產後肥胖症

婦女在產後會漸漸發胖，變得肚大腰圓。原因除了懷孕生產、哺乳期體內內分泌的變化之外，產後暴食、營養攝取過多、餵奶時間不足及活動太少等，也是重要因素。

產後肥胖是導致婦女肥胖的重要原因。產後肥胖的二個關鍵時期是懷孕期與產褥期。懷孕期間應適度的運動，避免攝取過多的熱量；而坐月子期間，也要攝取營養均衡的飲食，並適度的做床上運動。即使要減肥，也最好在醫師的指導下進行。

許多婦女在生產後不但身體發胖，乳房也隨之下垂，體態變得臃腫，失去孕前的健美風姿。這當然是因為產後生活調理不當所致。如果產婦從分娩後就能夠開始採取一些有效的處置，那麼，要恢復原來美麗的體型是可以辦到的。

方法包括耐心的鍛鍊、合理的飲食、母乳餵養、保護好乳房及利用針灸療

法等，後面將會逐一詳加介紹。

合理的飲食

很多家庭對於產婦的照顧，總是免不了天天大魚大肉侍候，這樣容易攝取過多的熱量，導致肥胖。要恢復美麗的體型，就要調整飲食，求取均衡的營養。平時多吃一些大豆製品及新鮮的蔬果，少吃脂肪、高熱量食品，就可以防止肥胖。

雖說產後需要增加營養，但是，過度偏食肉類和蛋類，勢必會增加體重。

利用母乳餵養

很多產婦擔心給孩子餵奶會影響自己的體型。其實，母乳餵養，不但有益嬰兒的健康，而且能夠促進母體的新陳代謝和營養循環，把身體內多餘的養分化為乳汁運出體外，進而減少脂肪的蓄積，防止肥胖，保持健美的體型。

餵奶不會使產婦體型產生很大的變化，只要控制體重就沒問題。

乳房變形，尤其是乳房過大，會影響女性的體型美。不過，母親的乳房在懷孕期就已經開始擴大，產後數天繼續擴張，因此，產婦乳房的擴大，並不是因為餵奶造成的，而是在餵奶前就已經擴大了。

保護乳房

懷孕與哺乳對婦女乳房健美的影響並不大，不過，也的確有一些人因為懷孕及哺乳期間對於乳房的保護不當，或因為其他因素而造成乳房過大、下垂或扁平，破壞胸部的健美。

根據研究報告顯示，懷孕期間顯著肥胖，會引起乳房過大或下垂，這是脂肪組織過度堆積所致。因此，孕期體重以增加九～十公斤為宜。

產後配戴胸罩，不但可以促進乳房的血液循環，而且能夠防止乳房下垂。

餵奶時，兩側乳房要反覆輪替，這樣才能夠均勻的哺乳，而斷奶後也可以保持乳房的健美。孩子斷奶時最好在周歲內，如果延長哺乳期，則會使乳房變得乾扁，失去豐滿。為有效防止乳房下垂或萎縮，要經常的按摩乳房，促進乳房組織的血液循環。

針灸減肥

坐月子時，除了注意營養與運動之外，也可以利用針灸減肥。一般會利用耳針和體針，以及服用中藥。

如果是利用耳針法，則取飢點、神門、胃點、肺點穴等。而若是利用體針法，則取天樞、關元、三陰交、足三里、豐隆穴等。

藥物多半選用山楂、薏仁、荷葉、澤瀉、何首烏、枸杞子等。不過，這些方法最好在醫師的指導下進行。

按摩塑身法

產後身材容易走樣，腰部、腹部、上下肢容易堆積脂肪，尤其腹部因為子宮膨脹而造成肚皮鬆弛。在此介紹強化腰腹部以及活化上下肢的兩種按摩法。

每晚就寢前花十分鐘進行，相信一個月內就能見效。不過飯後一小時內和經期、產後惡露期不宜按摩腰腹部。

⑴強化腰腹部

揉按關元、中脘、水分穴。手指併攏置於穴位上，每個穴以順時鐘方向揉捏十六次，每次約十~二十秒鐘（圖1）。

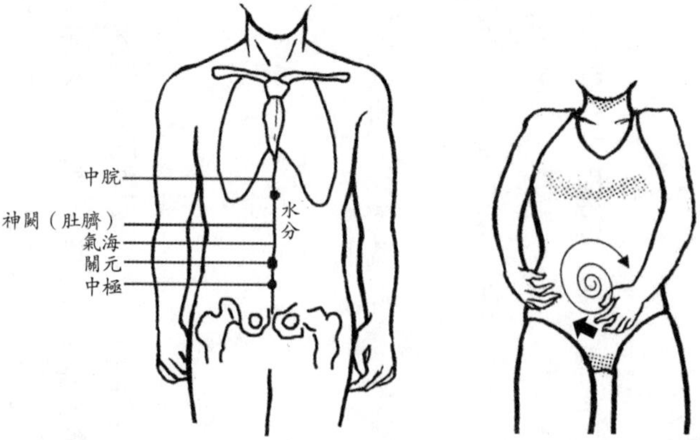

圖1

⑵活化上下肢

揉按三陰交、足三里、豐隆、陰陵泉穴，每個穴刺激十六次，每次約十～二十秒鐘（圖2）。

除此之外，旋轉腰部（圖3）、推擦腰骶（圖4）、推擦上肢內外側（圖5）、推擦下肢外後側（圖6）以及推擦下肢內側（圖7）都有效。

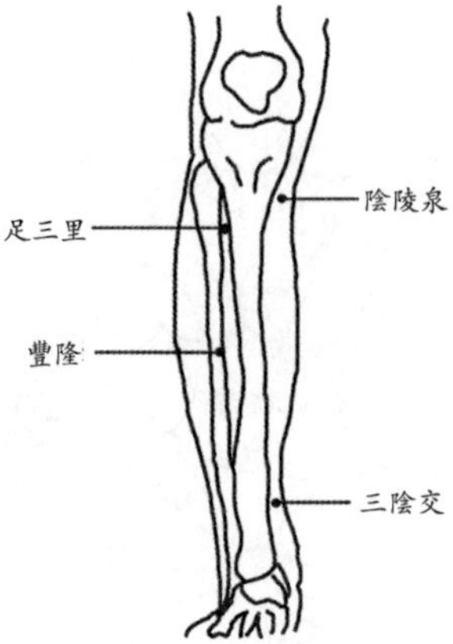

圖2

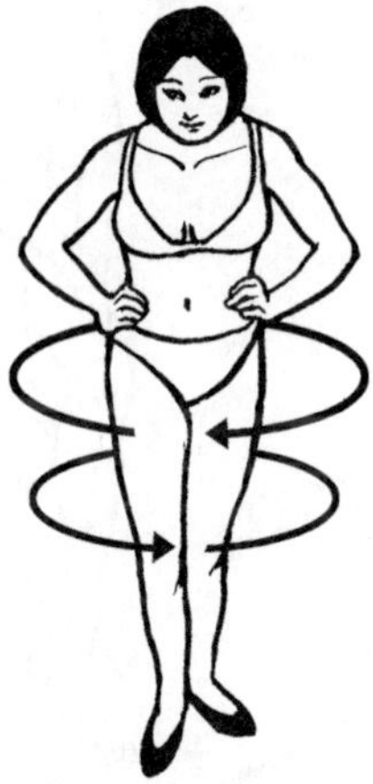

圖3

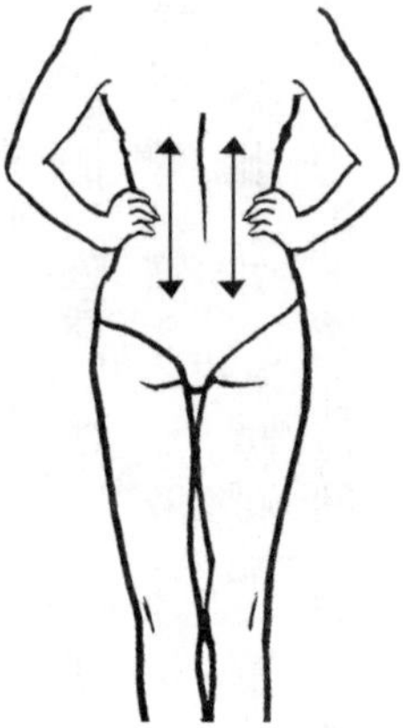

圖 4

圖 5

圖 6

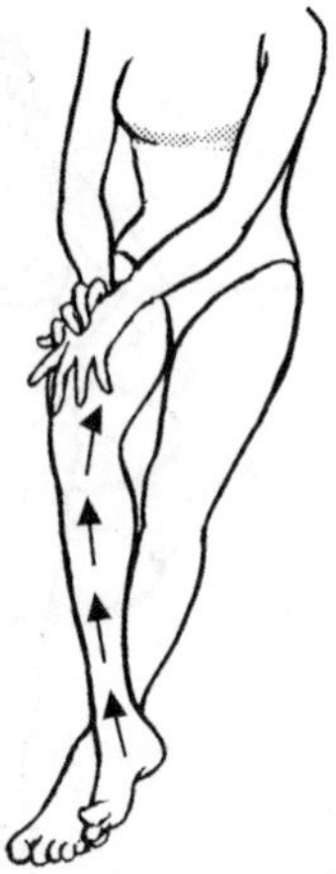

圖 7

簡易瘦身運動

鍛鍊是防止產後肥胖的重要和有效方法。後產褥期開始，天天做仰臥起坐和腿部、頭部同時上抬的動作，藉此能夠強化腹肌的收縮力。要經常下意識的收腹和做抬腿動作。也可以藉著俯地挺身、舉啞鈴等，減少腹部、腰部、臀部脂肪的堆積，防止乳房下垂，塑造健美的體型。

產後運動

產後腹部容易肥大，主要原因是懷孕時腹肌長期拉長，失去一部分的伸縮功能，再加上減少運動，導致皮下脂肪過度蓄積，同時產後大量進補和臥床休息，因此，造成肥胖。

要使腹部恢復原有的曲線，則產後二十四小時內就要開始在床上任意翻身，並在醫師的許可下，有規律的做床上運動。

產後運動的項目很多，目的不外乎是幫助腹肌緊縮，恢復美好的身材，以及促進子宮及其他生殖器官復原。

但是，做運動必須遵守如下原則，以免受到意外傷害。首先是剖腹產者要經醫護人員的許可才可進行。其次是做運動之前，要放空膀胱，不要積尿。最好在木板床或地板上等較硬的墊子上進行。早晚都要進行，每次以五～十分鐘為原則，不宜在飯後進行。當然，不要勉力而為，等習慣後再慢慢增加次數。

以下介紹簡單易學的產後運動，想要擺脫產後肥胖的媽媽們，請務必一試。

①頸部運動

仰躺在床（地上亦可），手腳伸直，手掌緊貼於床。然後抬起頭部，盡量前彎，使下顎貼近胸部，再慢慢回到

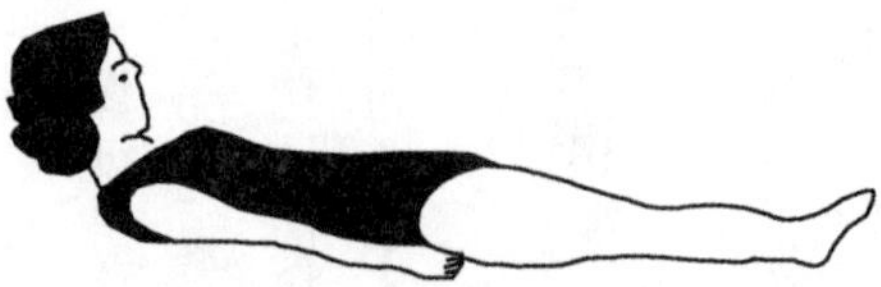

頸部運動

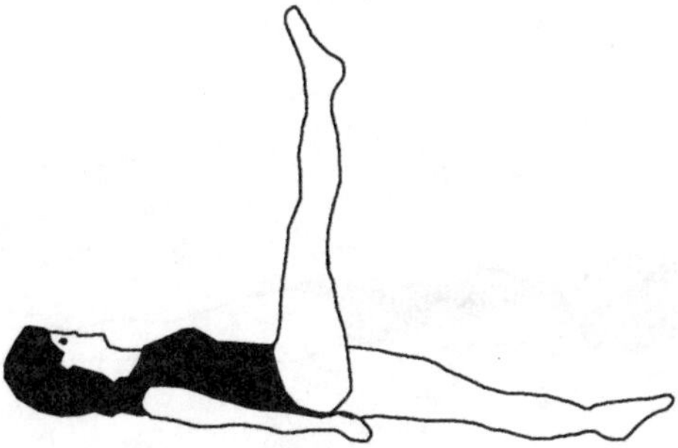

腿部運動

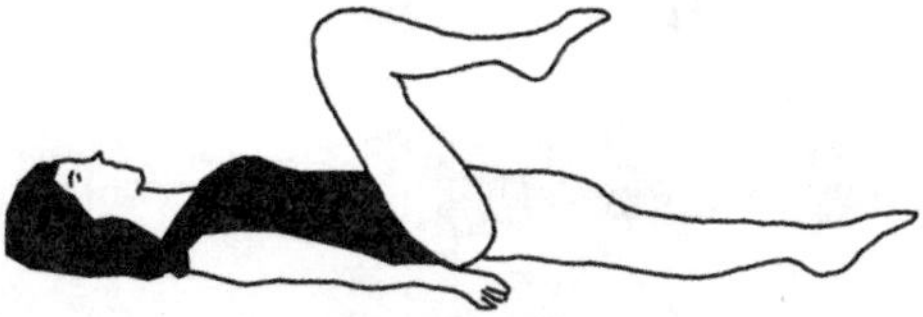

臀部運動

原來的姿勢。腳不可離床面，膝不要彎曲。

每天做十次。

②腿部運動

仰躺在床，手腳伸直。輪流將左右腳盡量抬高、伸直，然後再慢慢放下。用腹肌而不是用手力操作。

每天做六～十分鐘。

③臀部運動

仰躺在床，手腳伸直，手掌緊貼於床。左

胸部運動

乳部運動

右腳輪流彎曲，使腳貼近臀部，大腿靠近腹部，再度伸直。

每天做五～六次。

④胸部運動

仰躺在床，手腳伸直，放鬆全身肌肉。慢慢吸氣，盡量擴胸。收小腹，將氣慢慢吐出。屏住氣，繼續縮小腹，腰背緊貼住床面。再行放鬆。

每天做十次。

⑤乳部運動

仰躺在床，雙臂朝左

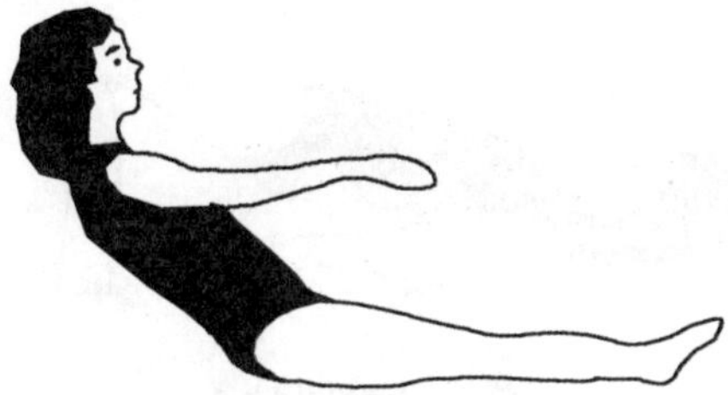

腹部運動

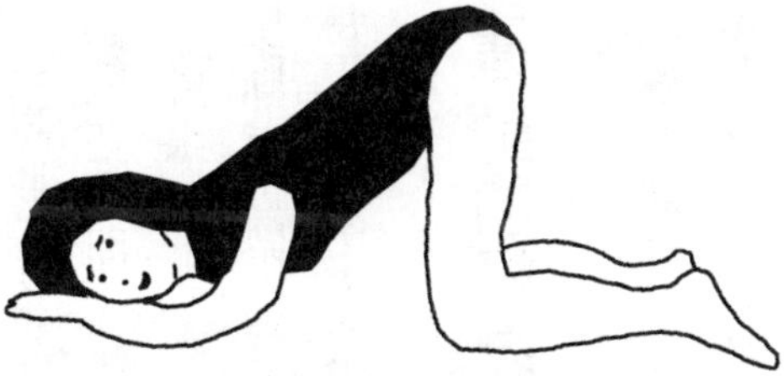

子宮收縮運動

右伸直平放。雙手慢慢上舉到雙掌併攏。然後將雙臂慢慢歸位。

每天做六～十次。

⑥腹部運動

仰躺在床，雙腳伸直。利用腰腹力量使上身坐起，然後再慢慢躺下。腳不可離床面，膝不可彎曲。

每天做六～十次。

⑦子宮收縮運動

雙腳分開與肩同寬，跪伏在床。胸和肩盡量貼

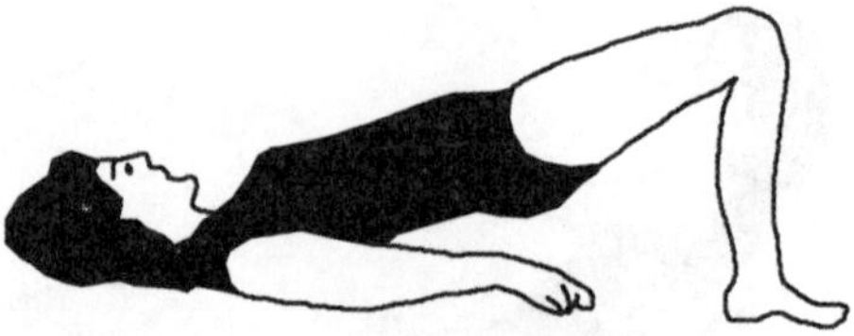

產道收縮運動

床面。腰挺直，臀部高舉，收縮肛門。

每天早晚各進行五分鐘。

⑧產道收縮運動

仰躺在床面，雙手伸直平貼於床。雙腳分開與肩同寬。腳跟後縮，膝部彎曲成直角，使臀部懸空。接著，雙膝合併緊縮臀部肌肉，然後恢復仰躺姿勢。

每天做六～十次。

產後運動的好處

產後運動是怠忽不得的，不僅可以較早恢復美好的身體曲線，同時體力和精神面也能提早復原，增進食慾。

另外，藉由運動促進子宮復原，就能夠順暢的排除惡露。同時，經由胸、腹、子宮、臀部、腿部等運動，能夠預防靜脈血栓的生成和肺部併發症，恢復膀胱功能，預防尿瀦留，亦即是無尿、蓄尿症的發生，改善腸功能，防止便秘。當然，腹肌強化後，就能夠防止腹壁鬆弛。

像這樣，藉由各種產後運動促進全身血液循環後，就能夠創造出比產前更健康的身體與美好的身段。漂亮的衣服等著妳呢！媽媽們，加油吧！

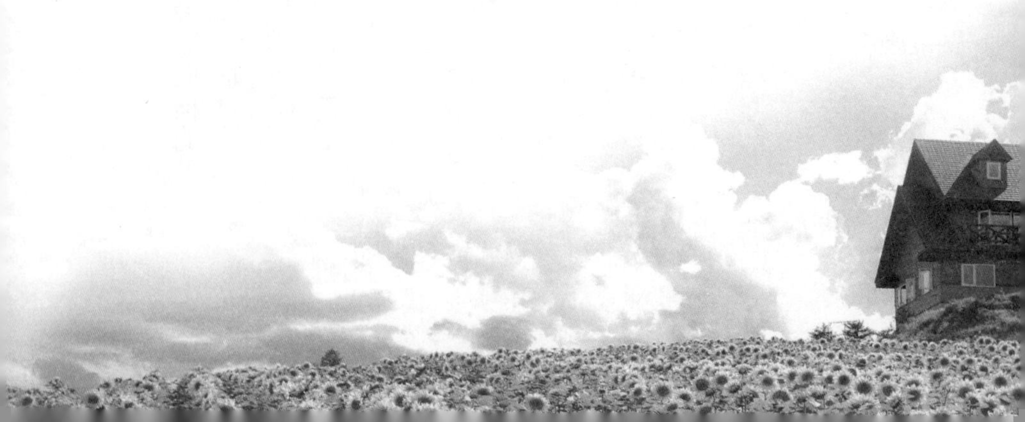

第六章　新生兒的護理與餵哺

新生兒的特點

新生命的誕生對於母親來說，心中必然充滿感動與喜悅。但是，當母親的心中還未完全放下「生產」時，又將面臨馬拉松式的長期育兒工作。

嬰兒離開母體到出生後一個月，稱為新生兒期。這是生命週期變化最大的時期，也是人生對外界和疾病的抵抗力最弱的時期。

父母應該要了解新生兒的這些特點，細心的照顧、哺育，才能使嬰兒在人生旅途上踏出穩健的第一步。

嬰兒一出生，就要立即照顧，項目包括建立及維持呼吸道通暢、穩定體溫、斷臍後消毒包紮臍帶、點眼藥，同時也要根據外觀了解其心跳、呼吸、肌肉張力、反射動作、膚色等健康情況。

此外，新生兒在被送離產房前，應該先抱給母親觀看，並做好身分識別工作，例如戴手圈、腳圈、蓋腳印等，以免認錯，日後發生糾紛。

新生兒的照顧

嬰兒誕生，就好像船卸下了貨物一般，負荷減少，讓母親輕鬆不少。嬰兒雖是一個五臟俱全、四肢皆備的生命體，但一切發育都剛起步，處處顯得脆弱無力。稍不經心，就會發生不測事故，所以，對其照顧要一絲不苟。

要照顧好嬰兒，可以從這幾方面著手。

①皮膚的清潔

剛出生的嬰兒，皮膚細嫩，抗壓性差，容易因為破損而感染，所以保持皮膚清潔相當重要。

在臍帶脫落後，每天要洗澡，水溫保持在三十七℃左右，室溫則維持在二十五℃以上。洗澡前，要將衣服、毛巾、尿布、爽身粉等用品準備好。而且洗澡時動作要快而穩健，以免嬰兒滑落，同時要避免水進入其耳內。不可使用刺激性的肥皂。洗完澡後，用毛巾擦乾身體，皺摺處撲上爽身粉。

②臍帶護理

洗澡時，要用消毒紗布包紮臍帶，不可暴露在外。洗完澡後，用酒精紗布清潔臍帶殘端和其周圍皮膚，要更換紗布，以防感染。通常臍帶在一週內會脫落。

③注意保暖

剛出生嬰兒的體溫調節功能較差，易受外界環境溫度的影響，尤其對於冷的刺激特別敏感。如果不注意保暖，容易引起皮膚凍傷或皮下脂肪組織凝固，出現硬皮症。

若缺少保暖設備，那麼，也可以利用大人的體溫將其抱在懷中來取暖。使用保暖設備時，要注意安全。

④睡眠充足

新生兒每天要睡二十～二十二個小時，因此，除了哺乳時間外，要給予舒適的環境，讓他安心的睡覺。

⑤觀察大小便

嬰兒出生後二十四小時內，應該解大小便。出生後的一～三天內，會排出黏稠的黑綠色糞便，無味，稱為胎便。之後，每天會排出數次黃色的細軟糞便。小便呈淡黃色，隨著乳量與飲水的增加，尿量也會增加。尿量變少，表示吃奶量不足。

⑥黃疸的護理

出生二～三天的新生兒出現生理性黃疸，多半是因為肝功能尚未健全所致，要多給予開水。必要時，可依醫師的囑咐暫停餵哺母奶。黃疸情況嚴重時，要就醫治療。

⑦新鮮空氣與陽光

溫和的陽光能促進骨骼發育。呼吸新鮮的空氣可促進身心安適，使新生兒更為健康。

如何爲新生兒洗澡

剛出生嬰兒的身上、頭皮上有一層胎脂，一時之間也洗不乾淨。但是，保持新生兒皮膚的清潔，對於預防疾病而言非常重要。經常洗澡，能夠給新生兒良性刺激，促進新陳代謝，有助於生長發育。

但是，新生兒的皮膚非常細嫩，抗病力差，所以，在洗澡時要注意以下的問題。

①檢查肚臍

洗澡前要先檢查一下嬰兒的肚臍，如果臍孔潮濕，尚未乾結，那麼洗澡水就不能夠進入臍孔，以免引起發炎。

②注意室溫與水溫

室溫最好在二十五℃以上，水溫則在三十七℃左右。洗澡前要先準備好一切用品。洗澡時間不宜太久。

③ 仔細擦洗全身

先用濕毛巾將臉部擦乾淨，這時要用拇指、食指壓住孩子的耳朵外孔，防止污水流入耳內而造成中耳炎。然後再洗頭部、頸部和全身。口腔、耳鼻的清潔是屬於外部工作，不可將手指或布伸進口腔內擦洗。

在洗耳朵後部、頸部、腋下和腿彎皺摺處時，不可用力擦，以免擦傷柔嫩的肌膚。在皺摺處撲些爽身粉，但要用手輕輕遮住孩子的口鼻，避免粉末吸入其口鼻腔內。

④ 邊洗邊觀察全身的肌膚狀況

如果小屁股上有大便，就要先用溫水沖洗。對於女性陰部的沖洗，要由前往後，以免污染陰道及尿道而引起泌尿道感染。如果出現紅屁股現象，則要勤於更換尿布，不可用塑料包布。

大便後用溫水清洗，擦乾後可塗抹一些藥用軟膏。

⑤ 洗澡前不要餵奶

洗澡前餵奶，容易引起吐奶。洗澡後再餵奶，嬰兒能夠睡得更香甜。

爲寶寶準備衣著用品

嬰兒的穿著以保暖舒適為原則，應選擇棉質、設計簡單、穿脫方便的衣物。

嬰兒的襯衣要選擇柔軟、易溶於水的棉織品，顏色宜淺淡一些，以便容易發現污物。合成纖維材料容易引起過敏，不宜用來製做嬰兒的衣物。

樣式以斜襟式較好，衣服寬大一些，較容易穿脫。衣服上不宜釘鈕子或裝子母按扣，以免擦傷嬰兒的皮膚。可利用帶子在衣服側面加以固定。不要在內衣領口安裝帶子，以防嬰兒拉扯帶子而勒住脖子。衣服前面稍長一些，而後面稍短一些，就能夠減少排泄物的污染。

在嬰兒出生的數天前，要將衣物放在太陽下曝曬，然後收藏在乾燥處。不要和樟腦丸放在一起，因為有些嬰兒接觸樟腦丸後會引起溶血症和黃疸。

如何替嬰兒換尿布

尿布關係到嬰兒的健康，所以，不可等閒視之。嬰兒一旦尿布濕了，就會變得沒有食慾，而且如果不及時更換尿布，就容易長痱子或尿布疹。

事實上，換尿布是一大學問。最好使用吸濕性強、質地柔軟、不易漏尿的棉製尿布。

包尿布時，讓嬰兒的雙腿伸開呈M字形，不要強行拉直固定，以免引起股關節脫臼。在自然的姿勢下，只要輕鬆墊在胯股部分即可。不可將嬰兒的下半身勒得太緊，否則會影響嬰兒的腹式呼吸。

換尿布時，動作要迅速，事先做好準備，而且大人的手要保持溫暖。嬰兒大小便後，要先將屁股擦乾淨，如果是女嬰，要由前往後擦，以免將大便中的細菌帶到陰部。若是男嬰，要注意陰囊上是否沾有大便。

換好尿布後，大人務必要洗手。尿布要勤於洗滌，每天最好利用開水將尿

布煮沸十五分鐘進行消毒，同時要讓尿布照射日光以達到消毒目的。下雨天潮濕時，尿布要用熨斗熨乾。

發現寶寶罹患濕疹時，在換尿布時可用熱毛巾輕擦一下，然後再薄薄的撒上一些嬰兒專用痱子粉。

嬰兒的餵哺

新生兒的飲食，必須提供足夠的營養以迎合其身體的快速成長。為人父母者，應該擁有正確的營養知識與餵哺技巧。

①餵哺母乳

母乳中不只含有健康嬰兒所必須的各種營養成分，同時也含有乳清蛋白、免疫體等抗感染物質，能夠抗腹瀉、感染和食物過敏等，提供了最佳的保護條件。而且，親自餵哺母乳，能夠產生獨特的親密關係，同時可以促進子宮復原，降低乳癌的罹患率。

②餵哺母乳的準備

懷孕七個月後，可以觸診乳房，根據外形評估是否可供嬰兒吸吮。如果乳頭凹陷或畸形，就要在每天沐浴時進行乳頭凹陷矯正運動。同時，要牽引乳頭，按摩乳房，增加韌性，為哺乳工作做準備。

③哺乳的方法

首先要洗淨雙手，用棉球沾清水洗淨乳頭。然後抱好嬰兒，只要能夠使自己的身體、肌肉放鬆且母子均感舒適，不論採取坐姿或臥姿哺乳均可。

通常，產後二、三天乳房就會開始分泌乳汁。因此，在乳汁尚未分泌之前，就要做好乳房處理。其目的在於清潔乳房，增進產婦的舒適，使乳腺管通暢，減輕脹奶，促進乳汁分泌，藉此就可以預防感染而導致嬰兒腹瀉。

哺乳時，二～三小時餵一次，每次餵哺時間則依嬰兒的反應及需求量來決定。剛開始一天餵十二次左右，然後逐漸減為六～八次。若嬰兒停止吸吮或睡著了，表示已經吃飽了。

餵完奶後，要協助嬰兒排氣以防止溢奶或吐奶。

④ 餵哺配方奶

選擇適合嬰兒的配方奶，並注意沖泡方式及用具的消毒。奶瓶、奶嘴都要拆解下來仔細清洗、消毒，以免因為不潔而造成腸胃感染。奶嘴孔的大小要適中，乳汁的溫度要適當，餵食之前要先測溫。

此外，奶嘴部分要充滿奶汁，以免吸入空氣。將嬰兒呈四十五度角斜抱，能夠互相看到對方，加深情感交流。

⑤ 添加副食品

嬰兒慢慢長大，消化系統逐漸發育。為了滿足嬰兒成長營養素的需求以及為斷奶做準備，因此要為他添加副食品，亦即補充母乳、配方奶以外的食物。

母乳中的維他命C含量並不多，而牛奶因為受到消毒處理的影響，維他命C的含量也很少。

所以，當嬰兒出生一個月時，可以補充液狀的維他命C滴劑。三～四個月時，可以補充碳水化合物及各種含鐵、蛋白質的食物。先從少量、容易消化的食物餵食，然後再增量，從液體、軟質進而餵以固體食物。

同時，要隨時觀察大便情形以及皮膚是否有過敏現象，一旦出現異常，就要停止餵食並立刻就醫。

⑥斷奶

斷奶是指停止以奶類為營養來源。斷奶應該循序漸進，不可操之過急，以免造成嬰兒營養不良、適應不良以及心理不安。

早產兒的照顧

所謂早產兒，是指在懷孕二十八～三十七週間出生的新生兒，體重不到二千五百公克，身高不及四十五公分。

早產兒的特點是，身體器官的發育不像足月正常出生的新生兒那麼早熟，不活潑，皮下脂肪少，皮膚鬆弛，皺紋較多，外貌酷似老人，哭聲細弱，呼吸淺促、不規則，經常處於睡眠狀態中。

由於體溫調節中樞發育不全，經常處於低溫狀態中，所以，保溫對早產兒十分的重要。早產兒的吸吮力較弱，胃容量小，吞嚥反射不佳，因此，容易嘔吐或溢奶。

早產兒的身體抵抗力較弱，易生病，病情變化快，必須細心照顧。

第七章　坐月子食譜

產後不當的飲食是造成肥胖的主要原因，應該要培養均衡的飲食習慣。本章將介紹簡單的坐月子食譜並說明其效用，能夠為產後的媽媽提供均衡的營養並創造健康苗條的身材。請多加利用。

綠豆粥

【材料】

綠豆三十克，糯米一百克

【做法】

①綠豆、糯米洗淨。

②綠豆、糯米放入鍋中，加水五百克，煮到米爛汁黏即可離火食用。

【效用】

清熱消暑、解毒消腫、利尿除濕。和糯米一起煮成粥，可健胃益氣、養血生津，是產後消暑聖品。

木瓜蒸雞

【材料】

肉雞一千七百五十克，木瓜三十克，玉蕈二十克，醬油二十克，白糖十五克，味精十克，料酒十五克，雞油四十克，太白粉三十克，蔥段五克，薑塊五克，湯少許

【做法】

①木瓜切塊。

②玉蕈用開水浸泡，發漲後洗淨泥沙。

③肉雞剔除骨，剁成塊。

④雞塊用調味料拌勻，加入木瓜、玉蕈用蒸籠蒸四十分鐘。挑除蔥薑，盛入盤內即可食用。

【效用】

能治產後氣血虛弱、風寒濕乘虛而入所引起的肢體疼痛、麻木等。

麥芽煮紅糖

【材料】

麥芽一百二十克，紅糖三十克

【做法】

①麥芽用小火炒幾下。

②加入清水七百五十毫升直到麥芽熟透後，加入紅糖即可食用。

【效用】

促進乳汁分泌順暢。回乳。

糖醋高麗菜

【材料】

高麗菜二百五十克，白糖十五克，醋十五克，醬油十克，油十克，鹽五克，花椒五粒

【做法】

①高麗菜洗淨切塊。

②鍋中熱油後先炒花椒，再倒入高麗菜炒到半熟，用白糖、醋、醬油、鹽調味後再炒幾下即可。

【效用】

酸甜可口，開胃易消化，產婦食用後可增進食慾。

牛奶燜飯

【材料】

糯米二百五十克，牛奶一百毫升

【做法】

①糯米洗淨放入鍋內。

②倒入牛奶及適量的清水，大火煮熟後即可食用。

【效用】

益氣養血、益陰生津、補五臟，促進產後提早復原，同時具有促進乳汁分泌的作用。

花生粥

【材料】

花生四十五克，冰糖適量，白米一百克，淮山藥三十克

【做法】

①花生洗淨後搗碎。

②淮山藥切成薄片。

③全部材料倒入鍋內，加水用大火煮滾後，再改用小火煮三十分鐘。

【效用】

開胃健脾、潤肺止咳、養血通乳。

鮮菇炒豌豆

【材料】

新鮮蘑菇一百克，嫩豌豆一百五十克，醬油十五克，食用油十克，鹽二克

【做法】

①豌豆事先剝好，蘑菇洗淨後切丁。

②鍋中熱油，蘑菇丁、豌豆、醬油、鹽一起放入鍋中，用大火快炒，炒熟即可。

【效用】

色、香、味俱全，不油膩，適合食慾不振的產婦食用。豌豆具有通乳效果。

什錦鹹粥

【材料】

胡蘿蔔二十克，魷魚二十克，瘦肉二十克，薑二片，芹菜二十克，香菇二朵，白米一百克，清水四碗，香油、鹽、味精各適量

【做法】

①香菇用水泡軟後切絲。胡蘿蔔、瘦肉切絲。魷魚切片。芹菜切末備用。

②白米洗淨，加入四碗清水煮成粥。

③香菇、胡蘿蔔、瘦肉、魷魚加入稀飯中繼續煮。直到材料熟透後，加入鹽、味精調味，滴入適量的香油，加入芹菜末。

醬烤豬肝

【材料】

豬肝一百克，麵粉十克，豆瓣醬十克，醬油五克，糖五克，海帶柴魚高湯少許，料酒五克，沙拉油十克

【做法】

①豬肝去血切成薄片，撒上酒、醬油，擱置片刻後再塗上麵粉。

②鍋中熱油，將豬肝兩面煎一下，穿成長串。

③豆瓣醬中加入海帶柴魚高湯、白糖、料酒後開火，攪拌煮熟。

④將穿成長串的豬肝盛盤，澆淋豆瓣醬。可以撒上花椒提味。

【效用】

能夠補充維他命A，改善產婦的貧血、夜盲症、乾眼症、皮膚病、結核病、出血症，並預防嬰兒維他命A不足。

參棗冬菇瘦肉湯

【材料】

瘦豬肉四百五十克，黨參六十克，冬菇六十克，紅棗五個，生薑四片

【做法】

①豬肉洗淨。冬菇去蒂。

②黨參、生薑、紅棗（去核）去淨，和豬肉、冬菇一起放入鍋中，加入適量清水用大火煮滾後，改用小火煮二小時，最後再調味食用。

【效用】

補氣健胃。

火腿冬瓜湯

【材料】

火腿肉五十克，冬瓜二百五十克，火腿皮一百克，植物油、鹽、味精、蔥各適量

【做法】

①冬瓜去皮、洗淨，切成〇・五公分厚的片狀。

②鍋中熱油，爆香蔥花，放入火腿皮及適量的清水，煮滾後去除浮沫，燜煮三十分鐘後放入冬瓜片，煮到酥軟，加入火腿片、鹽再煮三～五分鐘，加入味精，盛入湯碗。

【效用】

對於產婦排尿不順、小腹水脹、乳汁不通等有效。

雞蛋蘸芝麻末

【材料】

雞蛋四個，芝麻三十克

【做法】

①雞蛋煮熟後去殼。

②炒香芝麻，研磨成細末。

③用雞蛋沾芝麻末食用。

【效用】

養血生精、補益五臟、催乳、養肝明目，促進母體復原。含有豐富的維他命A，有明目效果。

人參當歸燉豬心

【材料】

豬心一個，人參十克，當歸十五克

【做法】

①人參、當歸洗淨後切細。豬心洗淨後剖開，將人參、當歸放入豬心內。

②豬心放入燉鍋中，加入適量的水用小火燉煮三小時，最後調味食用。

【效用】

益氣養血、補心安神。

鮮蘿蔔片

【材料】

新鮮白蘿蔔六十克

【作法】

白蘿蔔洗淨，切片生食即可。

【效用】

清胃熱，對於產婦的食慾不振、反胃、胃酸有效。

牛奶棗粥

【材料】

米一百克，牛奶二百五十克，紅棗二十個，紅糖二十克

【做法】

①米洗淨放入鍋內，加水一百克，用大火煮開後，改用小火煮二十分鐘。等到米爛湯稠時加入牛奶、紅棗，再煮十分鐘。

②加入紅糖再煮開，即可盛入碗中食用。

【效用】

含有豐富的蛋白質、脂肪、碳水化合物、鈣、磷、鐵等及多種維他命。牛奶能補虛損、益肺胃、生津液、潤腸燥。大棗能夠補脾胃、益氣生津。

健脾開胃排骨湯

【材料】

花生一百五十克，排骨五百克，陳皮一塊，水八碗，鹽一小匙

【做法】

①花生用水浸泡。排骨洗淨。

②陳皮用水泡軟洗淨，和其他材料一併放入鍋中煮滾後，改用小火煮二小時，加入鹽調味。

【效用】

補血通乳、健脾胃、強筋骨。煮熟的花生有潤肺、補脾、補血之效。排骨能補虛強身。

人參燉雞

【材料】

雞肉三十克，人參十克

【做法】

①雞肉取腿肉或胸肉，去皮和骨，洗淨。

②人參切片，和雞肉一起放入燉鍋內，加入適量的水煮開後，改用小火燉煮三小時，調味後趁熱食用。

【效用】

補氣攝血。

蘑菇豆腐

【材料】

蘑菇一百克，豆腐二百五十克，竹筍少許，植物油二十五克，醬油、鹽、蔥各適量

【做法】

①蘑菇洗淨，豆腐切長塊，用滾水燙過後撈出瀝乾。筍切片。

②鍋中熱油，爆香蔥花。放入蘑菇、竹筍、鹽、適量清水煮滾後，放入豆腐，用小火慢慢煮十~二十分鐘。

【效用】

清爽可口，益氣養胃，清熱潤燥。

菠菜豬肝湯

【材料】

菠菜二百五十克，豬肝一百克，食用油、鹽各適量

【做法】

①菠菜洗淨，去根，切成小段。豬肝洗淨後切成薄片，用調味料及芡粉適量拌勻，擱置十分鐘。

②鍋內放入一小碗清水煮沸，放入菠菜、適量的食用油、鹽，菠菜煮熟後，放入豬肝煮到熟透即可食用。

【效用】

滋陰養血，潤腸通便。

當歸紅棗羊肉湯

【材料】

羊肉二百五十克，當歸頭十五克，生薑十克，紅棗十個

【做法】

①生薑去皮洗淨後切片。當歸頭洗淨後切片。羊肉洗淨後切小塊。紅棗洗淨。

②全部材料一起放入鍋內，加入適量清水用大火煮開後，改用小火煮二小時，最後調味食用。

【效用】

溫經養血，祛寒止痛。

鮮奶燉雞

【材料】

雞一隻，鮮奶一瓶，薑二大片，紅棗四個，鹽適量。

【做法】

①雞洗淨擦乾，最好去除雞皮。紅棗去核。

②雞放入燉鍋內，加入薑片、紅棗，注入鮮奶，加蓋燉煮三小時。為避免水燒乾，每隔三十分鐘要打開蓋子確認水量，不足時要加入適量的開水。取出後加入適量的鹽調味即可食用。

【效用】

補元氣，對於身體虛弱、血氣不足或產後體力的復原有效。同時也能夠增加乳汁的分泌。

金針鱔魚湯

【材料】

鱔魚二百克，金針五百克，薑二片

【做法】

①鱔魚洗淨去骨，切成小塊。金針浸水泡軟。

②全部材料放入鍋中，加入適量的清水煮三十分鐘，調味後食用。

【效用】

通血脈，利筋骨。

豬肚花生米

花生米一百克，豬肚二百克，鹽十克

【做法】

①花生米、豬肚洗淨。

②花生米填入豬肚內，放入燉鍋中加鹽、清水燉熟食用。

【效用】

養血生精、健胃、增進食慾、催乳，增強消化功能。

綠豆銀耳粥

【材料】

米二百克，綠豆一百克，銀耳三十克，白糖、山楂糕各適量

【做法】

①綠豆用水浸泡四小時。銀耳用水泡二小時，去蒂，掰成小瓣。山楂糕切丁。

②米洗淨，放入鍋內，加入適量清水，倒入綠豆、銀耳，用大火煮滾後，改用小火煮到豆、米開花，湯水黏稠。

③將粥盛入碗中，加白糖、山楂糕丁即可食用。

【效用】

香甜爽口且營養。銀耳具有滋陰潤肺、益氣血之效用。綠豆能夠消暑解熱，降低血脂。

牛肉粥

【材料】糯米四百克，牛肉二百克，味精三克，黃酒八克，五香粉三克，蔥段十克，薑塊五克，鹽十克

【做法】

①牛肉洗淨，剁成肉末。糯米洗淨。

②鍋中加水煮滾，放入蔥段、薑塊、牛肉末、黃酒、五香粉煮沸，撈出薑、蔥後，倒入糯米煮成粥，用鹽、味精調味。

【效用】

能夠促進乳汁分泌，對於產婦的腰膝酸軟、虛損羸弱、食慾不振、產後水腫等有效。

銀杞明目湯

【材料】
銀耳十五克、枸杞五克，雞肝一百克，茉莉花二十四朵，料酒、薑汁、鹽、味精、清湯各適量

【做法】
①雞肝洗淨後切成薄片。放入碗內，加入料酒、薑汁、鹽拌勻待用。
②銀耳撕成小片，用水浸泡。茉莉花去蒂、洗淨，放入盤內。枸杞洗淨。
③鍋中放入清湯，加入料酒、薑汁、鹽、味精、銀耳、雞肝、枸杞煮滾，撈除浮沫，等雞肝煮熟後盛碗，撒上茉莉花。

【效用】
含有豐富的蛋白質和各種氨基酸，以及維他命A、鈣、磷、鋅等元素。

章魚花生豬腳湯

【材料】
豬腳一隻，章魚、花生各一百克，薑二片，鹽適量

【做法】

①豬腳切成大塊，放入水中煮五分鐘，盛起瀝乾水分。

②章魚泡水二十分鐘後洗淨。花生洗淨。

③鍋中注入適量的水煮滾後，放入各種材料，以大火煮三十分鐘，再改用小火煮一小時半，加鹽調味。

【效用】

章魚熱量低，但蛋白質含量豐富，有養血益氣之功效。豬腳有補血、通乳的作用。對於產後虛弱或乳汁不足有效。

川芎白芷燉魚頭

【材料】

魚頭一個，川芎六克，白芷六克，生薑二片

【做法】

①川芎、白芷、生薑洗淨。魚頭洗淨，兩面略煎。

②全部材料一起放入燉鍋內，加入適量的水蓋鍋用小火煮二小時，調味後食用。

【效用】

祛風寒，活血止痛。

蓮子龍眼肉鵪鶉蛋糖水

【材料】

鵪鶉蛋四個，蓮子三十克，龍眼肉十五克

【做法】

①蓮子去芯，洗淨後浸泡半小時。龍眼肉洗淨。鵪鶉蛋煮熟後去殼洗淨。

②全部材料一起放入鍋中，加入適量的水，用大火煮滾後，改用小火煮到蓮子變軟為止，加白糖再煮沸。

【效用】

健脾益氣，養血安神。

田七紅棗燉雞肉

【材料】

新鮮雞肉二百克，田七五克，紅棗四個，薑一片，鹽少許

【做法】

①紅棗用水泡軟，洗淨後去核。

②田七切成薄片，用水略微沖洗。

③雞肉洗淨，去除水氣。

④將全部材料放入小型燉鍋內，注入水到八分滿，用大火燉煮二小時，加入調味料後取出，趁熱食用。

元寶粥

【材料】

豬肉一百克，雞蛋一百五十克，冬菇一百克，醬油五克，料酒適量，蔥三

克，薑三克

【做法】

①肉刮洗乾淨，切成長五公分長、厚一・五公分的片狀，鍋中熱油後略炒。

②雞蛋放入滾水中煮熟後去殼，用醬油浸泡數分鐘，放入油鍋中略炸，變質後取出，切成數瓣。

③一片肉、一瓣雞蛋，排放在碗內，放入鍋中蒸爛。

④冬菇略炒後墊底，將蒸好的元寶肉扣在冬菇上。

【效用】

富含維他命A，有良好的養肝明目作用。產後食用，能夠養身並促進乳汁的分泌，對於維他命A缺乏症有效。

番茄牛肉

【材料】

番茄一百五十克，牛肉一百克，高麗菜一百五十克，料酒三克，鹽四克，味精一克

【做法】

①番茄、高麗菜、牛肉洗淨。番茄切塊。高麗菜、牛肉切成薄片。

②牛肉放入鍋內，加水蓋過牛肉。用大火煮滾後，撈除浮沫，加入料酒，燒煮到牛肉快熟時，再將番茄、高麗菜倒入鍋中，燉熟後，加入鹽、味精再燉煮片刻，盛盤食用。

【效用】

健脾開胃，活血化瘀，調理氣血，生津止渴，促進食慾。

番茄嵌肉

【材料】

番茄一百克，豬肉五十克，綠葉蔬菜五十克，植物油五克，芡粉十克，鹽三克，薑汁三克，蔥花五克

【做法】

①番茄洗淨，去蒂，挖除籽和芯（留下備用）。

②豬肉剁成肉末，和適量的太白粉、薑汁、蔥花、少量的水攪勻，填入番茄中，放在蒸籠中蒸十分鐘，取出。

③綠色菜葉洗淨切段，鍋中熱油炒菜，加入挖出的番茄汁，勾好芡後倒入盤底鋪平，將蒸好的番茄置於青菜上。

【效用】

滋陰養血，健脾益氣，強心安神，溫中潤便，具有開胃、通便之效，能夠治療便秘及產婦傷氣耗血、津液不足。

五香肝片

【材料】

豬肝一百五十克，鹽五克，薑末五克，醬油五毫升，蒜末五克，香醋二毫升，料酒二毫升，白糖五克，豬油五十毫升，肉湯十五毫升，芡粉三克

【做法】

①芡粉中加入六毫升的水調勻。

②豬肝切成薄片。

③料酒、鹽、芡粉水（先用三分之二）混合，放入豬肝片浸泡，待入味後，放入熱的油鍋內，並將薑末、蒜末、蔥花十克加入其中快炒幾下，等豬肝變色後，將調好的白糖、醬油、香醋、肉湯及剩下的芡粉水倒入勾芡。熟了之後即可盛盤。

【效用】

對於產婦因為缺乏維他命A而引起的營養不良、貧血、夜盲症、乾眼症、皮膚病、結核病、出血症等有效。

山楂粥

【材料】

山楂十五克，米五十克

【做法】

①山楂炒成棕黃色後加溫水浸泡片刻，取煎汁一百五十毫升備用。

②米五十克加水四百毫升，依平日煮法煮到半熟，加入山楂煎汁，煮到米爛湯稠，加入適量紅糖調味。

【效用】

營養豐富且美味可口。具健脾開胃之效，能夠化瘀止痛。另外，山楂也具有收縮子宮的作用。

蜂蜜白蘿蔔

【材料】

白蘿蔔五百克，蜂蜜一百五十克

【做法】

①白蘿蔔洗淨切丁，放入滾水中煮沸後即撈出，瀝乾水分，擱置半日。

②鍋中加入蜂蜜，用小火煮滾，調勻，冷卻後裝瓶，隨時食用，飯後吃更

好。

【效用】可以增進食慾，理氣化痰。對於產婦的食慾不振、腹脹、反胃、嘔吐有效。

肉末蒸蛋

【材料】雞蛋三個，豬五花肉五十克，蔥末五克，醬油十克，鹽二克，味精〇・五克，芡粉五克，食用油二十五克

【做法】

①雞蛋打入碗內攪散，加入鹽、味精及適量的水調勻，放入蒸籠中蒸熟。

②豬肉剁成末。

③鍋中熱油，放入肉末炒到鬆散出油時，加入蔥末、醬油、味精及適量的水，調勻芡粉水勾芡，澆淋在蒸好的雞蛋上。

【效用】

維他命A含量豐富，對產婦有滋補之效，並可預防維他命A缺乏症。

紅燒蹄膀

【材料】

豬前蹄膀一隻，蔥五克，醬油十克，白糖十克

【做法】

①蹄膀刮洗乾淨，放在砧板上，用刀直直劃開到見骨為止，鍋中加水煮滾二分鐘後撈出。

②蔥打結。

③鍋內放竹片墊底，蹄膀皮向下放在竹片上，加入蔥結、薑片、醬油、白糖及水蓋過肉面，用大火燒開後，撈除浮沫，加蓋，改用小火燜燒一小時，將蹄膀翻面（皮向上），繼續燒到蹄膀熟爛為止，取出竹片。

【效用】強健筋骨，益氣養血，補產後之虛，具通乳之效。

黨參黃耆燉雞

【材料】雞肉二百克，黨參三十克，黃耆十五克

【做法】

①黨參、黃耆洗淨。雞肉洗淨後切小塊。

②全部材料一起放入燉鍋內，注入適量開水加蓋用小火燉三小時，調味後食用。

【效用】補益氣血。

紫米粥

【材料】

紫米一百克，糯米一百克，紅棗五個，白糖少許，水適量

【做法】

①紫米、糯米洗淨。紅棗洗淨後去核。

②鍋中加水，放入紫米、糯米，用大火煮滾後，改用小火熬煮成粥，加入紅棗略煮，以白糖調味。

【效用】

養心安神，清熱祛濕。

冰糖蓮子

【材料】

蓮子二百五十克，冰糖一百克

【做法】

①蓮子用水煮三分鐘後撈出。

②冰糖用水熬溶後，用紗布過濾去除雜質。

③鍋中放入冰糖、水及蓮子，煮滾後改用小火煮半小時。可放入玫瑰花汁及桂花汁各二十克。

【效用】

補脾益氣，養心益腎，滋養肺胃，生津潤燥，濕腸止瀉，能補產後之虛，對失眠多夢、心煩頻尿、惡露量多有效。

八寶豆腐

【材料】

豆腐、桂花、蘑菇、香草、花生仁、瓜子仁、胡桃仁、麻油、醬油、蔥、鹽各適量

【做法】

①豆腐切塊，用油煎至兩面微黃。蘑菇洗淨。花生仁、瓜子仁、胡桃仁放入油中炸透備用。

②豆腐倒入鍋中，加入蘑菇、香草、花生仁、瓜子仁、胡桃仁，調入醬油、鹽、蔥花煮滾。最後撒上桂花，淋上麻油。

【效用】

開胃、幫助消化。改善產婦的食慾不振與消化不良。

紅豆排骨湯

【材料】

排骨五百克，紅豆一百五十克，陳皮一塊，水七碗，鹽二分之一小匙

【做法】

①陳皮泡軟洗淨。

②紅豆浸泡洗淨。

③排骨剁塊，將全部材料放入鍋中煮滾後，改用小火煮二個半小時。加入鹽調味。

【效用】

對產後血虛脾弱、頭暈眼花、精神不振有效。而且具有開胃、美容效果。紅豆能夠解毒、去水腫、利尿。排骨能補益氣血、增加鈣質。

炸鯽魚煮黃酒

【材料】

鯽魚一條，香油一百～一百五十克，黃酒二百～三百毫升

【做法】

①鯽魚洗淨，去鰓及內臟，留鱗片，切成中塊。

②鍋中熱油，將鯽魚炸成焦黃色，去除多餘的香油，倒入黃酒煮沸。

【效用】

調胃，健腸，消腫。

番薯糖水

【材料】
番薯三百～五百克，糖適量，生薑二片

【做法】
①番薯削皮切成小塊，加入適量的水煮軟。
②加入糖、生薑再煮片刻。

【效用】
補中和血，益氣生津，健胃整腸，防止便秘。

蝦仁蔥油雞湯麵

【材料】
白麵條一百五十克，蔥一百克，蝦仁五十克，醬油、植物油、鹽、味精各適量，雞湯二百五十克

【做法】

①蔥洗淨，去根，切成三公分長。

②鍋中倒入油一百二十五克，油燒到八分熱時，放入蔥爆香，蔥變黃時，加入適量醬油，再用小火熬煮並用鏟子不時的攪和，直到蔥色變深紅且帶黃時，取出盛碗。

③在大湯碗中放入鹽、味精、蝦仁、雞湯。

④麵條用水煮熟撈出，放入湯碗內，淋上蔥油。

【效用】

蔥開胃，麵軟滑潤，容易製做。

棗菇蒸雞

【材料】

肉雞一隻，紅棗十五個，香菇十克，黃酒、薑片、蔥、味精、鹽各適量

【做法】

①雞去除內臟，洗淨。
②香菇、紅棗泡水，洗淨，瀝乾。
③雞內外抹鹽，將香菇、紅棗塞入雞胸內，加上黃酒、薑片、蔥、味精，放入雙層蒸鍋內蒸二～二個半小時。

【效用】
養血生精，補益五臟，健脾胃，對於產後氣虛消瘦有效。

紅棗芹菜湯

【材料】
紅棗六個，芹菜五百克，水二碗，方糖半個

【做法】
①芹菜去根和葉，莖切成每段二寸長。
②芹菜、紅棗和水放入鍋內煮。
③放入糖調味。取湯汁飲用。

【效用】

對於產後疲倦無力、食慾不振、精神不安有效。

去瘀康復湯

【材料】

木瓜一個（二百五十～五百克），生薑二片，米醋一碗

【做法】

①生薑去皮洗淨，加入米醋。

②木瓜去皮切塊，一起入鍋，加水一碗半，煮到瓜爛。

【效用】

美味可口，能夠恢復體力，清血去瘀。

蝦仁芙蓉蛋

【材料】

雞蛋清六個，蝦仁五十克，蔥末五克，黃酒五克，鹽三克，芡粉十克，味精一克，熟豬油二十五克

【做法】

①蝦仁放入碗中，加鹽一克、芡粉、蛋清少許拌勻。

②碗中蛋清加鹽二克攪拌，放入水一百克、味精拌勻，倒入湯碗內，放入蒸籠中蒸六～七分鐘取出，即為芙蓉蛋。

③鍋中放入熟豬油加熱，放入蝦仁，用篩子分散，蝦仁粒粒成形後，去除多餘的油，放入蔥末，撒上黃酒起鍋，散放在芙蓉蛋上。

【效用】

養血益氣，生精壯骨，長肌健體。對於產後復原及預防佝僂病都有效。

豬尾木瓜章魚湯

【材料】

章魚一隻（一百～一百五十克），木瓜一個（五百克），豬尾骨五百克，

紅棗六個，花生一百克，水八碗，鹽一小匙

【做法】

①紅棗洗淨，去核。

②木瓜去皮、去核，洗淨切塊。

③章魚用水泡軟後撕開，豬尾切塊。

④全部材料放入鍋中煮滾後，改用小火煮二個半小時，用鹽調味。

【效用】

對產後失血過多、四肢無力、乳汁不足有效。

油菜粥

【材料】

油菜葉五十~一百克，米一百克

【做法】

①米加水用一般的煮法煮成粥。

②粥即將熟時放入油菜，加鹽少許，粥熟菜爛即可。

【效用】

健脾和胃，去瘀消腫。

黑棗紅蟹湯

【材料】

紅蟹二隻（七百五十克），黑棗八個，枸杞五十克，當歸十克，水五碗，米酒二百五十克，鹽、味精各適量

【做法】

①紅蟹洗淨，去殼和鰓，切塊備用。

②紅蟹放入鍋中，加入黑棗、枸杞、當歸、水、米酒燉煮一小時，加入鹽、味精調味。

【效用】

補產後之虛。

豌豆粥

【材料】

新鮮豌豆二百克，紅糖適量

【做法】

①如果是乾豌豆，則要先用溫水浸泡數日。

②鍋中倒入適量的水，用小火將豌豆煮到糜爛黏稠，加紅糖調味。

【效用】

具催乳之效。

牛奶梨片粥

【材料】

白米一百五十克，牛奶二百克，蛋黃三個，檸檬五克，梨二個（約二百克）、白糖五十克

【做法】

①梨去皮和核，切成厚片，加入適量白糖蒸十五分鐘，淋上檸檬汁，攪拌後離火。

②牛奶加白糖煮滾，放入洗淨瀝乾的白米，煮沸後，改用小火燜煮成濃粥，混入打勻的蛋黃攪拌之後離火。

③盛入碗中，上面鋪數塊梨片，淋上一匙梨汁。

【效用】

明目養肝，對產後血暈、便秘、營養失調等有效。

雞汁粥

【材料】

母雞一隻一千五百～二千克，白米一百克

【做法】

①雞剖洗乾淨後，濃熬雞汁。

②依一般方法將米煮成粥，半熟時，倒入雞汁再煮，粥熟食用，雞肉可切塊做菜。

【效用】營養豐富，含蛋白質、脂肪、礦物質、維他命。能夠滋補五臟，益氣補血。

咖哩豬排

【材料】豬排二百克，植物油二十克，麵粉六克，咖哩粉五克，薑末一克，蒜泥二克，料酒五毫升，蔥末少許，鹽適量，味精少許

【做法】①豬排切成長三~四公分的小塊，用刀拍數下，加入料酒、鹽拌勻，再鋪上麵粉。

②鍋中熱油，豬排煎炸到兩面變黃時起鍋，濾去多餘的油，剩餘的油倒回

鍋中，加入薑、蒜、咖哩略炒，避免炒焦。加水一百毫升和味精少許，放入豬排，在小火上燒到湯汁變濃後裝盤，蔥和濃汁淋在豬排上。

【效用】

色香味俱全，營養豐富，增進產後食慾。尤為冬季佳餚。

豬腳蓮藕章魚湯

【材料】

章魚一隻（一百克），豬腳一隻，蓮藕五百克，紅棗六個（去核）、紅豆五十克，水八碗，鹽一小匙

【做法】

①豬腳去毛切塊，洗淨，用滾水煮五分鐘，撈起備用。

②紅棗泡水。

③蓮藕去皮切片，洗淨，和其他材料一起放入鍋中煮滾後，改用小火煮二個半小時，加鹽調味。

【效用】

豬腳能通乳補血。蓮藕及章魚有益血補脾、補氣之效。紅豆有補血旺血的作用。產婦食用，能養顏、潤肌、強健筋骨。發燒感冒時不宜食用。

紅棗杞子鯽魚湯

【材料】

鯽魚一條，枸杞五十克，紅棗六個，水八碗，薑三片，鹽一小匙

【做法】

①鯽魚洗淨，去鱗和內臟。

②紅棗泡水，洗淨，去核。

③全部材料洗淨，放入鍋中煮滾後，改用小火煮二個半小時，加鹽調味。

【效用】

對產後體虛、食慾不振、頭暈眼花、疲倦有效。能夠祛寒健脾，補血補腦，增強記憶力。

莧菜黃魚羹

【材料】

黃魚一條（三百克），莧菜六十克，胡椒粉、酒、蔥末、薑末各少許，高湯三杯，芡粉二小匙，鹽適量。

【做法】

①黃魚去鱗、內臟，用胡椒粉略醃，隔水蒸熟後，去骨拆肉備用。莧菜洗淨，略切。

②鍋中熱油，爆香薑末，放入黃魚肉略爆，加入莧菜快炒後，加入高湯、酒、蔥末，煮滾後，用芡粉水勾芡。

【效用】

補血祛濕熱。

山藥羊肉粥

【材料】

山藥二百五十克，羊肉一百五十克，米一百克，蔥花、薑末、鹽、胡椒粉各少許，水適量

【做法】

①山藥洗淨，刮去外皮，切小塊。羊肉洗淨，放入鍋中加水煮五分熟後撈出，切小塊。米洗淨。

②鍋中放入水、米煮成粥，粥熟之前加入羊肉、蔥花、薑末、鹽煮滾，撒上胡椒粉。

【效用】

補氣養血，健脾開胃。

黑豆紅棗水

【材料】

黑豆、紅棗各適量

【做法】

①黑豆一碗洗淨。

②準備四碗水。

③開火，用鍋子將黑豆乾炒到皮裂為止。

④鍋中加水，放入去核的紅棗。

⑤乾炒的黑豆倒入鍋中燉煮二小時後飲用。

【效用】

對於產後貧血、新陳代謝降低、老化、憔悴等有效。

羊肉冬瓜湯

【材料】

瘦羊肉五十克，冬瓜二百五十克，香油六克，醬油、鹽各三克，味精二克，蔥、薑各二·五克，植物油十五克

【做法】

①羊肉切成薄片，用醬油、鹽、味精、蔥、薑調拌。冬瓜去皮洗淨，切片。

②鍋中熱植物油，放入冬瓜略炒，加少量水，蓋鍋煮滾後，放入調拌好的羊肉片煮熟。

【效用】

補精血，益虛勞。

藕粥

【材料】

藕一百二十克，米八十克

【做法】

①藕洗淨，切塊。米洗淨。

②兩者放入鍋中，加水六百克煮到米爛藕熟汁稠為止。

每天一～二次，趁熱食用。

【效用】

對於產後體虛、消化力弱者有開胃健脾、補益氣血之效。同時能夠益血祛瘀，促進子宮早日復原並治惡露不止。

枸杞羊腎粥

【材料】

枸杞葉五百克，羊腎二對，羊肉二百五十克，米二百五十克，蔥白五克

【做法】

①羊腎洗淨，去臊腺脂膜，切丁。蔥白洗淨，切小段。羊肉洗淨後，一同放入鍋內，加水適量備用。

②枸杞葉洗淨，用紗布袋裝好後，紮緊。米洗淨後一同放入鍋中熬煮到肉熟、米爛成粥。

③吃羊腎、羊肉、喝粥。

【效用】

營養豐富，具補腎填精之效。

蝦米粥

【材料】

蝦米三十克，米一百克

【做法】

①蝦米用溫水泡三十分鐘。

②米加水如同一般方法煮粥。粥半熟時加入蝦米，煮到米爛粥稠。

【效用】

富含蛋白質、鈣、磷等營養素。具補腎、益精、壯陽、通乳之效。

當歸紅棗雞蛋

【材料】

紅棗（去核）二十個，雞蛋（煮熟去殼）二個，當歸二十五克

【做法】

①四碗水加紅棗、當歸用小火燉。

②出味後，加入蛋再煮十五分鐘。

【效用】

飲紅棗湯能夠補血虛、清血熱、散血瘀。雞蛋能除煩安神、養血補陰、鎮心益氣。當歸能生血旺氣、養血和肝。但火旺陰虛、腹瀉、腹脹、濕重、食慾

不振者忌用。

炸蘋果

【材料】

蘋果數個，雞蛋、白砂糖、麵粉、植物油各適量

【做法】

①蘋果去核和皮，切成圓片，放入碗中加糖拌勻稍醃。雞蛋的蛋黃、蛋清分開。蛋黃加牛奶、白糖、麵粉攪拌成糊狀。蛋清用筷子打起泡，然後將蛋黃糊和蛋清混合調勻。

②鍋中倒入植物油熱到七分熟，將沾麵衣的蘋果放入鍋中炸成金黃色，盛盤，撒上白糖。

【效用】

補心益氣，健胃和脾，能讓產婦開胃。

小米粥

【材料】

小米三十～五十克，紅糖適量

【做法】

小米加水依常法煮粥，用紅糖調味食用。

【效用】

養胃通乳，補益腎氣。

雞蛋豆腐

【材料】

雞蛋三個，嫩豆腐一百五十克，鹽五克，蔥末二・五克，食用油七十五克

【做法】

①雞蛋放入碗內攪拌均勻，加入鹽、蔥末、豆腐再拌勻。

②鍋中熱油，將調勻的雞蛋炒到凝固即可。

【效用】

養血益氣，生津潤燥，清熱解毒，預防產後感染，防止視力減退，對胃火所引起的牙齦腫痛有效。

參歸腰子

【材料】

人參十五克，當歸十五克，豬腰子二百五十克，生薑三克，鹽二克

【做法】

①豬腰子洗淨，去筋膜臊腺。鍋中加水五百克，煮到半熟後撈出冷卻，細切。

②人參、當歸切片。

③豬腰子、人參、當歸一起放入原湯中，煮到豬腰子熟透後，放入薑、鹽調味。

【效用】

對產後失血過度所引起的貧血、氣虛所引起的盜汗有效。

紅棗山楂瘦肉湯

【材料】

紅棗（去核）十個，瘦肉三百克，山楂五十克，水五碗，鹽二分之一小匙

【做法】

①瘦肉切片。山楂用水洗淨。

②山楂、紅棗、瘦肉和五碗水放入鍋中，加鹽，煮滾後改用小火煮一小時。

【效用】

補產後之虛，祛瘀止痛，補脾益氣。

牛奶麥片粥

【材料】

牛奶五十克，麥片一百五十克，白糖適量

【做法】

①乾麥片用四百五十克的水泡軟。

②泡好的麥片連水一起放入鍋內，煮滾後，加入牛奶再煮五~六分鐘，直到麥片熟爛、稀稠適度，盛入碗中，加糖攪勻。

【效用】

營養豐富，有益氣健脾、養血生津、補腎養心、益肺潤腸、和胃止逆、生精催乳之效。

棗蓮三寶粥

【材料】

白米一百克，綠豆二十克，蓮子二十克，紅棗三十克，白糖一百五十克

【做法】

①白米、綠豆洗淨，加水一千克入鍋煮滾後，加入洗淨的紅棗、蓮子，改用小火煮一小時。

②直到粥稠以及蓮子、綠豆熟爛時，加入白糖煮滾。

【效用】

補而不膩，潤而不燥，性質平和，百吃不厭。

魚肚淮山瘦肉湯

【材料】

瘦肉三十克，魚肚五十克，淮山七十五克，水六碗，鹽一小匙

【做法】

①淮山用水洗淨。魚肚洗淨，切片。

②瘦肉切片，和所有材料一起放入鍋中煮滾後，改用小火煮二個半小時，用鹽調味。

【效用】

對產後血虛脾弱所引起的頭暈耳鳴、盜汗有效。

金針燴豬肉

【材料】

乾金針三十克，瘦豬肉五百克，黃酒十克，蔥三克，薑片三克，醬油五克，鹽三克，白糖十克，味精一克

【做法】

①金針泡水，洗淨瀝乾後切成小段。

②豬肉切小塊，加上酒、鹽、醬油醃漬半小時。

③鍋中熱油爆香薑片，放入肉塊翻炒，淋上黃酒，加入水、蔥和金針，用小火燜爛後，加入白糖、味精，片刻後起鍋。

【效用】

健脾益氣，生血催乳，益養五臟，充肌健體。

國家圖書館出版品預行編目資料

關心妳的坐月子／劉芝宇　編著
——初版，——臺北市，大展，2005年〔民94〕
面；21公分，——（女性醫學；5）
ISBN 957-468-368-0（平裝）
1.婦女—醫療，衛生方面　2.食譜
429.13　　94001286

關心妳的坐月子　　ISBN 957-468-368-0

編　　著／劉芝宇
責任編輯／秦雅玉
發 行 人／蔡森明
出 版 者／大展出版社有限公司
社　　址／台北市北投區（石牌）致遠一路2段12巷1號
電　　話／（02）28236031・28236033・28233123
傳　　真／（02）28272069
郵政劃撥／01669551
網　　址／www.dah-jaan.com.tw
E-mail／service@dah-jaan.com.tw
登 記 證／局版臺業字第2171號
承 印 者／高星印刷品行
裝　　訂／建鑫印刷裝訂有限公司
排 版 者／弘益電腦排版有限公司
初版1刷／2005年（民94年）4月

定價／200元

一億人閱讀的暢銷書！

4 ～ 26 集　定價300元　特價230元

.大金塊　5.青銅魔人　6.地底魔術王　7.透明怪人　8.怪人四十面相　9.宇宙怪人

恐怖的鐵塔王國　11.灰色巨人　12.海底魔術師　13.黃金豹　14.魔法博士　15.馬戲怪人

.魔人銅鑼　17.魔法人偶　18.奇面城的秘密　19.夜光人　20.塔上的魔術師　21.鐵人Q

假面恐怖王　23.電人M　24.二十面相的詛咒　25.飛天二十面相　26.黃金怪獸

品冠文化出版社

地址：臺北市北投區
致遠一路二段十二巷一號
電話：〈02〉28233123
郵政劃撥：19346241

推理文學經典巨著，中文版正式授權

名偵探明智小五郎與怪盜的挑戰與鬥智

名偵探柯南、金田一都讚嘆不已

日本推理小說鼻祖—江戶川亂步

1894年10月21日出生於日本三重縣名張〈現在的名張市〉。本名平井太郎。
就讀於早稻田大學時就曾經閱讀許多英、美的推理小說。
畢業之後曾經任職於貿易公司，也曾經擔任舊書商、新聞記者等各種工作。
1923年4月，在『新青年』中發表「二錢銅幣」。
筆名江戶川亂步是根據推理小說的始祖艾德嘉．亞藍波而取的。
後來致力於創作許多推理小說。
1936年配合「少年俱樂部」的要求所寫的『怪盜二十面相』極受人歡迎，
陸續發表『少年偵探團』、『妖怪博士』共26集……等
適合少年、少女閱讀的作品。

1 ～ 3 集　定價300元　試閱特價189元